过一硫酸盐活化体系降解水中阿特拉津机理与效能研究

陆一新 陈 佼 吴菊珍 张建强／著

四川大学出版社

项目策划：蒋　玙　许　奕
责任编辑：蒋　玙
责任校对：唐　飞
封面设计：墨创文化
责任印制：王　炜

图书在版编目（CIP）数据

过一硫酸盐活化体系降解水中阿特拉津机理与效能研
究 / 陆一新等著 . — 成都：四川大学出版社，2020.8
　ISBN 978-7-5690-3415-8

　Ⅰ . ①过… Ⅱ . ①陆… Ⅲ . ①硫酸盐－活化－降解－
莠去津－水污染－污染控制－研究 Ⅳ . ① X52

　中国版本图书馆 CIP 数据核字（2020）第 154970 号

书名　过一硫酸盐活化体系降解水中阿特拉津机理与效能研究

著　　者	陆一新　陈佼　吴菊珍　张建强
出　　版	四川大学出版社
地　　址	成都市一环路南一段 24 号（610065）
发　　行	四川大学出版社
书　　号	ISBN 978-7-5690-3415-8
印前制作	四川胜翔数码印务设计有限公司
印　　刷	郫县犀浦印刷厂
成品尺寸	148mm×210mm
印　　张	4.5
字　　数	121 千字
版　　次	2020 年 9 月第 1 版
印　　次	2020 年 9 月第 1 次印刷
定　　价	29.00 元

版权所有 ◆ 侵权必究

◆ 读者邮购本书，请与本社发行科联系。
　电话：(028)85408408/(028)85401670/
　(028)86408023　邮政编码：610065
◆ 本社图书如有印装质量问题，请寄回出版社调换。
◆ 网址：http://press.scu.edu.cn

四川大学出版社
微信公众号

目　　录

第 1 章　概论

1.1　研究背景及意义

我国是农业大国，化学农药的大量使用为保障农业高产、控制农业有害生物做出了重要贡献，但也对水体、土壤、大气等环境介质造成了污染，从而对人类健康以及其他生物产生了危害。因此，水污染防治的研究，特别是针对废水中难降解有机污染物的处理的研究，已经成为世界各国环境污染研究的热点问题。

1.1.1　研究背景

三嗪类除草剂阿特拉津（Atrazine，ATZ），又名莠去津，是 1952 年由 Ciba-Geigy 公司研制开发的一种除草剂，由于该除草剂成本较低，除草效果较好，因此是农业中应用最广泛的杂草防治除草剂之一，常用于去除果园、玉米、林地等地的阔叶杂草，或在非农田土地和休耕地上使用。由于 ATZ 具有较低的生物降解性和较强的吸附能力，所以在土壤中具有持久性。此外，残留在土壤中的 ATZ 也可能通过地表径流、淋溶、干湿沉降等途径进入地表水和渗入地下水含水层，特别是水文地质脆弱区。

在美国密歇根州、苏必利尔湖和休伦湖中，ATZ 残留浓度范围为 0.01~1.70 ng/g（干重）。根据俄罗斯标准（见文献［67］），ATZ 是第三类危险化合物，其在土壤中的最大允许浓度为 0.5 mg/kg，在水体中的含量为 0.005 mg/L，在家庭、商业、休闲和饮用水中的最大允许浓度为 0.5 mg/L。

ATZ 纯品为无色无嗅结晶，分子式为 $C_8H_{14}ClN_5$，相对分子质量为 215.7，其分子结构如图 1-1 所示。熔点为 173℃~175℃，沸点为 273℃~275℃。当温度为 20℃时，ATZ 在水中的溶解度为 33 mg/L，在正戊烷中的溶解度为 360 mg/L，在二乙醚中的溶解度为 2000 mg/L，在醋酸乙酯中的溶解度为 28000 mg/L，在甲醇中的溶解度为 18000 mg/L，在氯仿中的溶解度为 52000 mg/L。ATZ 在水中的半衰期为 42 d，在自然环境中，需要约 180 d 才能部分分解。在微酸及微碱介质中较稳定，但在强酸、强碱或高温（>70℃）条件下，可水解为羟基阿特拉津而失去除草能力。

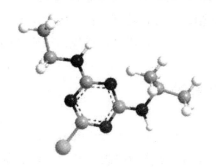

图 1-1　ATZ 的分子结构

ATZ 属于持久毒性有机化合物，水溶性强，持效期长，是一种内分泌干扰剂，已被欧洲共同体以及美国和日本等国列入内分泌干扰物（Endocrine Disrupting Chemicals，EDCs）名单。ATZ 能长期留存于地下水中，其在地表水体中的半衰期最长可达 700 d，已导致某些地区地表水和地下水污染。

ATZ 在世界范围内的推广应用已有 60 余年历史，因而很多国家的地表水和地下水均受到了不同程度的污染。Hofman 等在调查中发现，ATZ、西玛津、甲草胺等除草剂在美国 8 条城市河流中的被检出率很高。Cai 等在 2002 年对中国香港地区城门水库和 Lam Tsuen 河水的调查中发现 ATZ 的含量为 $3.4 \sim 26.0~\mu g/L$。

目前，我国华北和东北地区仍在大量使用 ATZ，ATZ 在我国地表水和地下水中的检出率比其他农药高。任晋和蒋可在官厅水库各个采样点已发现 ATZ 及其毒性降解产物脱乙基阿特拉津（Desethylatrazine，DEA）和脱异丙基阿特拉津（Deisopropyla-trazine，DIA）的残留，且残留浓度之和为 $1.19 \sim 14.2~\mu g/L$，超过我国饮用水对于 ATZ 的标准 $2~\mu g/L$，并追溯了其可能的污染源。

由于 ATZ 的大量生产和广泛应用，其污染效应已成为全球性生态问题。近年来，在环境中不断检测到 ATZ，已引起人们对环境污染和人体健康的广泛关注。

1.1.2　研究意义

ATZ 及其结构相关的三嗪类除草剂对水体的污染在全球范围已有报道。虽然一些欧洲国家已经禁止使用 ATZ，但 ATZ 在美国、中国、墨西哥和其他国家仍被广泛使用。欧盟设置饮用水中 ATZ 的极限值为 $0.1~\mu g/L$；美国国家环境保护局建立法律限制饮用水中 ATZ 的极限值是 $3~\mu g/L$；我国生活饮用水中 ATZ 的标准为 $2~\mu g/L$。因此，对 ATZ 降解的研究具有重要意义。

目前，众多学者的调查研究表明，我国长江流域江苏段以及东辽河流域中均有 ATZ 检出，且浓度超过国家标准。南京段的 ATZ 检出率为 33%；泰州、南充段的 ATZ 检出率为 100%，水体中 ATZ 的浓度为 101.9~64490.0 ng/L，污染程度较重，将威胁人类以及整个水生生态系统的安全。ATZ 是一种典型的难降解污染物，传统水处理工艺难以彻底、高效地去除水中 ATZ，因此，ATZ 对水体构成了巨大威胁。目前，过滤、吸附、混凝、生物降解等多种方法都很难有效去除水中的 ATZ，因此，有必要开发一种可靠、高效的技术来消除水中 ATZ 的污染。

近十多年来，传统的高级氧化工艺（Advanced Oxidation Process，AOPs）涉及形成 $HO^{\cdot}$，包括电芬顿、光芬顿、UV/H_2O_2、臭氧等，已广泛应用于废水中难降解有机污染物的降解。$HO^{\cdot}$（$E^{\theta}=2.8\,V$）是一种非选择性氧化剂，与有机化合物反应的二级反应速率常数为 $10^6 \sim 10^9 \, mol^{-1} \cdot L \cdot s^{-1}$。与 $HO^{\cdot}$ 相比，$SO_4^{\cdot-}$（$E^{\theta}=2.5 \sim 3.1\,V$）具有较高的氧化还原电位和选择性、与目标污染物接触时间长、对有机物的氧化更有效等特点，已经获得越来越多的关注。过一硫酸盐（Peroxymonosulfate，PMS）通常通过不同的活化方法（如热活化、碱活化、紫外光活化、金属离子活化和活性炭活化等）作为 $SO_4^{\cdot-}$ 的有效来源。

本书通过探索超声波/过一硫酸盐（US/PMS）、热/过一硫酸盐（Heat/PMS）、紫外光/过一硫酸盐（UV/PMS）的 AOPs 降解水中 ATZ 的效果，研究了不同影响因素对 ATZ 降解的影响，并通过 HPLC－ESI－MS（阳离子模式）对三种不同体系降解 ATZ 的产物进行分析并推测其降解路径。在强调降解 ATZ 效能的同时，兼顾体系的实用性，探寻具有实际应用前景的基于活化 PMS 的 AOPs 处理方法，为其在实际水体中的应用提供理论基础和技术支撑。

1.2　国内外研究现状

由于在水处理过程中，农药、抗生素、重金属、毒素等多种化学物质未能有效去除，对人类健康构成严重威胁，因此，水资源保护引起了公众的广泛关注。膜过滤、化学氧化、物理吸附、生物降解等工艺在水处理中得到应用，但这些技术普遍存在处理能力不完善、成本高或净化效率低等问题，在很多情况下需要进一步处理。目前较多的高级氧化工艺主要利用能产生 HO· 的物质作为氧化剂，如 H_2O_2、O_3。但 H_2O_2 分解较快，O_3 可能产生溴酸盐等副产物，导致 UV/H_2O_2 和 UV/O_3 的使用范围受到一定限制。同时，HO· 还具有不稳定、无选择性、反应极快、只有在酸性条件下有效果、易受干扰的特点。近年来，AOPs 中的活化 PMS 和过二硫酸盐（Persulfate，PS）被认为是一种理想的去除难降解污染物的方法。具有 O—O 键的氧化剂（称为过氧化氢或过氧基）通常会形成自由基，促使污染物降解。特别是以 $SO_4^{·-}$ 为基础的 AOPs 中，PMS 和 PS 由于其氧化能力强、pH 范围宽、寿命长、反应选择性高等优点，且 $SO_4^{·-}$ 的氧化还原电位与 HO· 相当，因此具有很高的降解有机污染物的潜能。另外，$SO_4^{·-}$ 及其反应产物硫酸根对于微生物的影响较小。Deng 等的研究验证了过硫酸盐 AOPs 优于传统 AOPs。

人们常用 O_3、H_2O_2 等化学氧化剂产生自由基降解有机污染物，已有研究表明，PS 或 PMS 能够降解高毒性和持久性污染物，但其需要被激活以促使自由基释放。PMS 的来源是卡罗酸（H_2SO_5），也称为过硫酸盐、过一硫酸盐和过氧硫酸。而 $KHSO_5$ 通常以一种更稳定的形式存在，即 $2KHSO_5 \cdot KHSO_4 \cdot K_2SO_4$（氢钾 PMS）。

PMS 在水中溶解度高，操作安全，它的氧化还原电位为 1.82 V，本身也具有氧化性。与 PS 和 H_2O_2 相比，PMS 因自身结构的不对称性而更易被外界因素活化，生成 $SO_4^{·-}$ 和 $HO^·$。在常温下，PMS 非常稳定，便于运输和储存。活化技术能激发 PMS 产生氧化还原电位更高的 $SO_4^{·-}$ 及其他自由基（图 1-2），从而显著提高氧化能力。

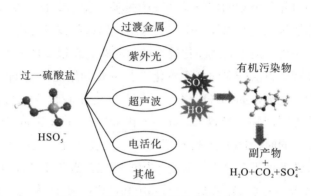

图 1-2 不同方法激发 PMS 产生自由基

PMS 用于污染物降解时，过氧键断裂形成的自由基是最重要的，其可以通过不同的方式进行，即光化学或热分解过氧键或发生化学还原反应。过渡金属离子（Co^{2+}、Ce^{3+}、Ag^+、Fe^{2+}、Fe^{3+}、Ni^{2+}、Ru^{3+}、Mn^{2+} 等）或金属氧化物（锰氧化物、钴氧化物、锌铁氧体或其他负载金属催化剂）均能活化 PMS，可有效生成 $SO_4^{·-}$。然而，这些过程通常是在重金属离子存在或遭受金属浸出的情况下进行的，这可能导致二次水污染。此外，多相催化剂或金属离子由于粒径或离子形态具有纳米尺寸而难以回收。

为了选择正确的自由基清除剂，必须考虑反应动力学和产物生成。非活性过硫酸盐的反应速率通常被认为是缓慢的。非催化过硫酸盐反应具有成本低、不产生二次污染、稳定性高等优点，但缺点是与污染物的反应速率往往较慢，产生稳定的消毒副产物。所以，本书选择通过超声波、热、紫外光来活化 PMS，产生 $SO_4^{·-}$ 和 $HO^·$ 氧化污染物，用于废水净化处理过程中。超声波活化 PMS、热活化 PMS 和紫外光活化 PMS 均是外界给予 PMS 一定能量，激发其产生更多的 $SO_4^{·-}$ 和 $HO^·$，从而提高其氧化效率。

1.2.1 超声波活化 PMS 技术研究

超声波是指频率为 15 kHz～50 MHz 的声波。频率为 20～1000 kHz 的超声波会产生空化现象，包括液体中气泡的成核、生长和破裂。这些破裂的气泡具有高温（5000 K）和高压（10 atm）的特性。在这种条件下，自由基可以在溶液中生成。早在 1895 年，就有研究者发现了超声波的空化作用。20 世纪 80 年代，人们开始研究超声化学，其正是利用这种极端条件加速或引发新的化学反应。在超声波不断循环的对液体压缩及疏化的作用下，液体中会产生空化气泡并最终溃陷。

魏红研究发现，过硫酸钾单独处理对诺氟沙星的去除率为 27.17%，而超声波活化后的去除率高达 88.64%。因此，超声波活化不宜作为一种单独的去除方式。Hou 等成功将超声波辅助 Fe_3O_4 活化过硫酸盐的方法用于降解四环素废水中。已有研究显示，高频超声波（850 kHz）在渔业养殖循环水中降解土臭素（GSM）和二甲基异莰醇（2-MIB）具有良好的效果。Wang 等考察了反应时间、过硫酸盐浓度、卡马西平浓度、超声波功率、pH 和温度等参数对卡马西平的降解效果的影响，当单独使用 1040 kHz 反应器时，去除率最高为 18.71%；当联用 800 kHz 反应器和 20 kHz 反应器时，去除率最高为 15.68%。

超声波可以激活 H_2O_2、PS、PMS 等氧化剂，主要反应式见式（1.1）～式（1.3）。

$$H_2O_2 \xrightarrow{\text{超声波}} 2HO\cdot \tag{1.1}$$

$$S_2O_8^{2-} \xrightarrow{\text{超声波}} 2SO_4^{\cdot-} \tag{1.2}$$

$$HSO_5^- \xrightarrow{\text{超声波}} SO_4^{\cdot-} + HO\cdot \tag{1.3}$$

值得一提的是，超声波通过提供活跃的空化气泡快速激活 PMS，可以提高自由基（HO$\cdot$ 和 SO$_4^{\cdot-}$）的生成。Kurukutla 等的研究证明，US/PMS 工艺降解罗丹明 B 的效率远远高于 US/H$_2$O$_2$ 体系。Su 等的研究表明，US 可以降低 PMS/Co^{2+} 体系中阿莫西林的反应能量屏障，提高 COD 的去除率。

Li 等在实验条件为超声波频率为 400 kHz、反应时间为 120 min，超声波联合过硫酸盐降解溶液中 1,1,1－三氯乙烷的实验中提出了反应过程的三条途径：

（1）热理论。空化气泡溃陷时间极短，量级为 10^{-9} s，在超声过程中产生的瞬时高温将有机物直接热解。

（2）超声波理论。水分子因超声波作用发生分解，水分子的 O—H 键打开，产生 HO$\cdot$，从而使有机物降解。

$$H_2O \longrightarrow H\cdot + HO\cdot \tag{1.4}$$

（3）超临界水氧化理论。当发生空化效应时，所产生的高温、高压超过了水分子的临界压强（22 MPa）和临界温度（374 ℃），水分子的物理化学性质发生突变，且反应速率快速提高。此时，超声波直接使过硫酸根离子分解产生 SO$_4^{\cdot-}$ 氧化有机物。

超声波活化是一种简单有效、无二次污染的活化方式，也方便与其他方式协同活化，如超声－光催化、超声－过渡金属离子、超声－臭氧等活化方式，具有良好的研究价值。

1.2.2　热活化 PMS 技术研究

与其他活化方式相比，热活化具有一定优势。例如，不需要额外的化学品，提高激活温度就可以局部提高现场温度，等等。PMS 的还原产物为硫酸盐，不会向水体中引入其他新的污染物，因为硫酸根离子是水体中常见离子之一。热活化 PMS 技术已被应用于处理土壤、地表水、地下水中的有机污染物。

热活化需要大量的热能，主要应用于地下水和土壤等原位修复中。能耗问题一直是热活化 PMS 能否大规模应用的难点。因此，对于热活化 PMS 处理有机污染物的研究，大多集中在提高降解有机污染物的可行性和分析影响热活化效果的因素两个方面。

在过硫酸盐体系中，水溶液中的 $SO_4^{\cdot-}$ 可以通过以下两个反应生成 $HO^{\cdot}$，$HO^{\cdot}$ 具有的氧化还原电位为 2.8 V。

$$SO_4^{\cdot-} + H_2O \xrightarrow{K} SO_4^{2-} + HO^{\cdot} + H^+, \quad K \leqslant 3 \times 10^3 \ \text{mol}^{-1} \cdot L \cdot s^{-1} \tag{1.5}$$

$$碱性条件：SO_4^{\cdot-} + OH^- \xrightarrow{K} SO_4^{2-} + HO^{\cdot},$$
$$K = (6.5 \pm 1.0) \times 10^7 \ \text{mol}^{-1} \cdot L \cdot s^{-1} \tag{1.6}$$

大多数研究发现，升高温度可提高污染物的去除率和降解速率。研究发现，不同温度激发过硫酸盐对目标污染物的氧化降解有明显不同的效果。Olmez-Hanci 等处理双酚 A 废水时发现，当温度由 40℃升至 70℃时，双酚 A 的去除率明显提高。Antoniou 等研究发现，热活化 PMS 和热活化 PS 均可实现微囊藻毒素（LR）的降解，但热活化 PMS 比热活化 PS 对 LR 的去除率高 25%。

还有研究表明，温度过高会使 $SO_4^{\cdot-}$ 的产生过快、过多，降解速率随之下降，其原因是：任何条件下，$SO_4^{\cdot-}$ 与体系中的水反应生成 $HO^{\cdot}$，见式（1.7）。随着活化温度的升高，反应体系中会产生过量的 $SO_4^{\cdot-}$，这些过量的 $SO_4^{\cdot-}$ 相互反应或 $SO_4^{\cdot-}$ 与体系中产生的 $HO^{\cdot}$ 发生反应，从而出现自由基淬灭现象，见式（1.8），导致目标污染物的去除率降低。

$$SO_4^{\cdot-} + H_2O \longrightarrow HO^{\cdot} + HSO_4^{2-} \tag{1.7}$$

$$SO_4^{\cdot-} + HO^{\cdot} \longrightarrow HSO_5^{-} （连续反应终止） \tag{1.8}$$

Huang 等用活化过硫酸盐降解持久性有机物（VOCs）时发现，VOCs 的去除率与温度无关，一些 VOCs 的去除率随温度的升高而提高，但部分 VOCs 在 30℃ 时的去除率比 40℃ 时高。李四辉等在处理竹材制浆废水时发现在 50℃、PS 浓度为 1.5 kg/t 时，COD 的去除率达到 54.86%。由此说明，选择合适的反应温度对于提高降解有机污染物的效能至关重要。

此外，反应溶液的 pH，目标有机物的性质，水体中 Cl^-、HCO_3^-、NO_3^- 等离子也是影响热活化效果的因素。因此，在热活化过程中尽可能考虑多方面的影响因素，寻求经济效能最优的实验条件。

1.2.3 紫外光活化 PMS 技术研究

紫外光是电磁波谱中波长为 $0.01 \sim 0.40\ \mu m$ 的辐射的总称。紫外光的光子能量比大多数污染物的分子共价键能大，紫外光对这些大分子物质中的共价键有着极强的破坏作用，甚至可以直接将共价键直接打断。这些共价键在被破坏之后形成自由基，进而与空气中的氧气等氧化剂发生反应，对目标大分子物质进行降解处理。Kim 等的研究指出，直接的紫外光照射（254 nm）能去除磺胺甲恶唑和磺胺间甲氧嘧啶等多种抗生素。

利用紫外光辐射破坏化学键来活化过氧化氢是一种良性且经

济的方法。紫外光活化 PMS 多采用波长为 254 nm 的紫外光，因为和其他波长相比，波长为 254 nm 的紫外光减少了反应时间。这一波长范围的紫外光可以为 PMS 结构中的过氧键断开提供足够的能量，该反应的表达式见式（1.9）~式（1.12）。

$$HSO_5^- \xrightarrow{h\upsilon} SO_4^{\cdot-} + HO^\cdot \tag{1.9}$$

$$SO_4^{\cdot-} + H_2O \longrightarrow H^+ + SO_4^{2-} + HO^\cdot \tag{1.10}$$

$$H_2O \xrightarrow{h\upsilon} H^\cdot + HO^\cdot \tag{1.11}$$

$$SO_4^{\cdot-} + HO^\cdot + 有机物 \longrightarrow 副产物 + CO_2 + H_2O + SO_4^{2-} \tag{1.12}$$

UV/PMS 工艺可以通过光解直接降解有机污染物，也可以通过 $SO_4^{\cdot-}$ 和 $HO^\cdot$ 间接降解有机污染物。虽然紫外光活化是替代热活化的一种有效方法，但其也是有限的。由于紫外光对水的穿透能力有限，因此其在地下水的处理中十分有限。紫外光催化氧化技术就是通过紫外光来激发氧化剂，使其光分解，从而产生氧化能力更强的自由基（如 $HO^\cdot$），由此氧化那些单纯使用氧化剂都难以降解的有机污染物。

1.3 存在的问题与不足

水体中 ATZ 的含量给人体和其他生物带来了严重的安全问题，探求高效、低耗、二次污染小的 ATZ 处理方法具有重要的现实意义。目前，以产生 $SO_4^{\cdot-}$ 为主要活性氧化物的新型 AOPs 技术发展迅速，而采用硫酸盐在光、热、声、过渡金属等条件下分解产生 $SO_4^{\cdot-}$ 和 $HO^\cdot$，在共同降解有机污染物时能获得良好的处理效率，这使其成为处理难降解污染物领域的研究热点。

本书针对水体中的 ATZ 污染问题开展了大量的前期研究工

作。丁张凯采用 O_3/PMS 和 O_3/H_2O_2 体系分别处理了废水中的 ATZ，发现 O_3/H_2O_2 更适用于降解较高浓度 ATZ，O_3/PMS 对 ATZ 的降解更彻底，但两种方法均使用了 O_3，其制备成本较高且具有不稳定性，还容易造成二次污染；何悦采用 UV/PS 和 Fe^{2+}/PS 体系对 ATZ 进行氧化降解，发现 Fe^{2+} 会消耗 $SO_4^{\cdot-}$ 而被氧化成 Fe^{3+}，导致活化 PS 产生 $SO_4^{\cdot-}$ 的能力降低而影响 ATZ 的去除率，同时，形成的 Fe^{3+} 水合物［如 $Fe_2(OH)_2^{4+}$、$Fe(OH)^{2+}$、$Fe(OH)_3$ 等］易产生混凝沉淀现象，影响最终出水水质。活化 PMS 技术对去除难降解有机污染物有许多其他技术难以比拟的优势，目前的研究表明，其应用仍然存在一些问题和挑战，如活化成本高、稳定性差、二次污染明显等。

鉴于此，本书选用了操作方法简单、条件温和、无需外加化学药剂或其他材料的超声波、热、紫外光来活化 PMS，其成本低，稳定性好，能减少二次污染。同时，本书探究了各反应体系降解水体中 ATZ 的影响因素、动力学及机理，为 PMS 降解 ATZ 提供一种高效的活化方法，并为其在实际工程中的应用奠定理论基础。

1.4　主要研究内容及技术路线

1.4.1　研究内容

本书旨在使用超声波、热、紫外光三种不同形式的能量活化 PMS，降解水中的 ATZ。通过单因素法改变实验影响因素，提高 ATZ 的去除率，并对比 US/PMS、Heat/PMS、UV/PMS 降解水中 ATZ 的效果。通过考察三种氧化体系降解污染物时生成产物的种类和高级氧化过程中污染物的不同降解路径，认识 SO_4^{-} 和 $HO^{·}$ 的氧化特性，初步了解碳酸根自由基、活性氯自由基等二级自由基的存在，从中选取合适的 AOPs，为实际水处理应用提供理论基础和实验数据支撑。

1.4.1.1　US/PMS 降解 ATZ 动力学及机理研究

以 PMS 作为氧化剂，利用 US/PMS 体系降解水中 ATZ。采用单因素实验法，着重研究温度、PMS 浓度、pH、ATZ 浓度、阴离子浓度对 ATZ 去除率的影响，分析其动力学过程。通过对氧化产物的分析，推断 ATZ 的有效降解途径，考察水体背景成分如 Cl^-、HCO_3^-、NO_3^-、pH 等对 US/PMS 降解目标有机物的效果的影响。

1.4.1.2　Heat/PMS 降解 ATZ 动力学及机理研究

利用 Heat/PMS 体系降解水中 ATZ，对多种因素（温度、PMS 浓度、pH、ATZ 浓度、阴离子浓度）进行探讨。通过分析其动力学过程，对 ATZ 的降解产物进行分析研究。

1.4.1.3　UV/PMS 降解 ATZ 动力学及机理研究

研究温度、PMS 浓度、pH、ATZ 浓度、阴离子浓度对 ATZ 去除率的影响，并进行动力学研究。同时，在对降解产物结构进行分析的基础上，提出 UV 活化 PMS 氧化 ATZ 的具体机理和转化途径，考察 UV/PMS 体系对实际水体中 ATZ 的去除率。

1.4.1.4　不同 PMS 活化体系效能的对比及应用研究

探讨超声波、热、紫外光三种不同活化方式降解水体中 ATZ 的效能、影响因素及作用机理，比较三种不同的高级氧化体系处理水中 ATZ 的最优反应参数及去除率。为论证本书的实际应用可行性，选取综合效能最优的高级氧化体系对实际含 ATZ 水样进行处理。

1.4.2　研究技术路线

本书的研究技术路线如图 1-3 所示。

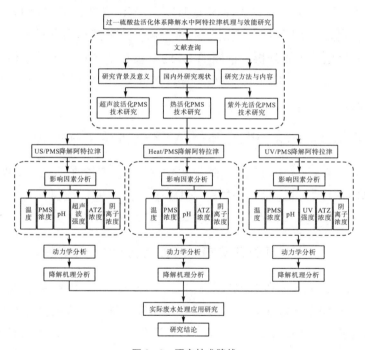

图 1-3　研究技术路线

第2章 实验材料与方法

2.1 实验试剂与仪器

本书实验中所用主要试剂见表 2-1。甲醇、异丙醇为色谱纯，ATZ、氢氧化钠、磷酸二氢钠、亚硝酸钠、无水乙醇（Ethanol，EtOH）、叔丁醇（Tert-butanol，TBA）、氯化钠、碳酸氢钠、硝酸钾均为分析纯，PMS（过硫酸氢钾 $KHSO_5 \cdot 0.5KHSO_4 \cdot 0.5K_2SO_4$）≥47％。

表 2-1 实验中所用主要试剂

序号	试剂名称	化学式	型号
1	ATZ	$C_8H_{14}ClN_5$	分析纯
2	过硫酸氢钾	$KHSO_5 \cdot 0.5KHSO_4 \cdot 0.5K_2SO_4$	≥47％
3	氯化钠	$NaCl$	分析纯
4	亚硝酸钠	$NaNO_2$	分析纯
5	磷酸二氢钠	$NaH_2PO_4 \cdot 2H_2O$	分析纯
6	叔丁醇	$C_4H_{10}O$	分析纯
7	碳酸氢钠	$NaHCO$	分析纯
8	硝酸钾	KNO_3	分析纯
9	氢氧化钠	$NaOH$	分析纯

序号	试剂名称	化学式	型号
10	硫酸	H_2SO_4	分析纯
11	无水乙醇	C_2H_5OH	分析纯
12	甲醇	CH_3OH	色谱纯
13	异丙醇	C_3H_8O	色谱纯

本书实验中所用主要仪器设备见表2-2。

表2-2 实验中所用主要仪器设备

仪器设备	型号
高效液相色谱仪	Waters 2695-2996
实验室pH计	雷磁PHSJ-3F
数控超声波清洗器	KH5200DB型
数控超声波清洗机	KQ-500DE型
Milli-Q超纯水机	UPT-Ⅱ-10T
低温恒温槽	DC-1030节能型
电子分析天平	FA224型
3200 Q TRAP三重四级杆质谱仪	3200 Q TRAP
LC-30AD液相色谱仪	LC-30AD
回旋振荡器	HY-5
数控超声波清洗机	KQ-500DE型
氮吹仪	N-EVAP-112
连续可调式微量加样枪	$10\sim100\ \mu L$、$100\sim1000\ \mu L$
封口膜	—

2.2　实验原理与方法

2.2.1　溶液配制

本书阐述的三个实验均采用磷酸缓冲溶液（Phosphate Buffer，PB）调节反应 pH，使 pH 值恒定为 7（单独考虑 pH 因素除外）。PMS 是一种酸性物质，进入水中后可电离产生 H^+，该过程的解离方程式如下：

$$HSO_5^- \rightleftharpoons H^+ + SO_5^{2-} \tag{2.1}$$

当仅采用 NaOH 或 H_2SO_4 溶液调节反应溶液初始 pH 值为 7 时，加入 PMS 后，体系 pH 值迅速降低至 $4 \sim 5$，将干扰其他因素对降解效果影响的判断。PB 具有维持溶液 pH 的作用，能够抵消 PMS 引起的溶液 pH 的变化。PB 中的 HPO_4^{2-} 可以激活 PMS，但还有研究指出，HPO_4^{2-} 可以清除 $SO_4^{\cdot-}$ 和 $HO^{\cdot}$，如式（2.2）、式（2.3）所示。换言之，虽然添加的 HPO_4^{2-} 可以激活 PMS，但 HPO_4^{2-} 会与自由基发生淬灭反应，在本书中，关于 HPO_4^{2-} 的激发和淬灭作用不作深入讨论，相关内容可以参考 Guan 等的研究。

$$HO^{\cdot} + HPO_4^{2-} \longrightarrow HPO_4^- + OH^- \tag{2.2}$$

$$SO_4^{\cdot-} + HPO_4^{2-} \longrightarrow HPO_4^- + SO_4^{2-} \tag{2.3}$$

在本书考察的 pH$=5 \sim 9$ 范围内，目标物 ATZ 的 pK_a 为 1.68，因此，ATZ 的电荷量保持不变。事实上，pH 还可以影响 PMS 组分。PMS 的 pK_{a1} 和 pK_{a2} 分别为 0 和 9.4，HSO_5^- 都是以质子形式存在的。

用超纯水（电阻率为 18.24 $M\Omega \cdot cm$）分别配制浓度为

100 μmol/L 的 ATZ 母液、0.2 mol/L 的 NaH_2PO_4 溶液、0.2 mol/L的 NaOH 溶液、0.1 mol/L 的 $NaNO_2$ 溶液、1 mol/L 的 NaCl 溶液、0.5 mol/L 的 $NaHCO_3$ 溶液、1 mol/L 的 KNO_3 溶液、0.01 mol/L PMS 溶液（避光保存）、8 g/L 的叔丁醇溶液、8 g/L 的乙醇溶液。pH 分别为 5、6、7、8、9 的 PB 的配制方法（均定容到 1 L）见表 2-3。

表 2-3 PB 的配制方法

pH	0.2 mol/L NaH_2PO_4/mL	0.2 mol/L NaOH/mL
5	250	2.40
6	250	28.50
7	250	148.15
8	250	244.00
9	250	259.00

2.2.2 实验原理

2.2.2.1 超声波活化 PMS

超声波活化 PMS 是指在超声波产生空化气泡的局部高温、高压作用下，产生 $HO^{\cdot}$ 和 $SO_4^{\cdot -}$。超声波活化 PMS 涉及两种机制，在这两种机制下，超声波所产生的空化气泡都会激活 PMS。第一种机制是由空化气泡的坍塌引起的局部高温（5000 K）激活 PMS，第二种机制是空化气泡将水分子分解为 $HO^{\cdot}$ 和 $H^{\cdot}$，进一步激活 PMS。最近研究发现，在空化气泡的暖界面区，硫酸根可以氧化水形成 $HO^{\cdot}$，在超声波形成的高温条件下，$HO^{\cdot}$ 的重组受到抑制，$HO^{\cdot}$ 的浓度可达到 mmol·L^{-1} 级。然而，由于 $HO^{\cdot}$ 在冷体积溶液中重新组合，$HO^{\cdot}$ 的浓度显著降低。

2.2.2.2 热活化 PMS

热活化 PMS 是过硫酸盐高级氧化处理技术之一。热激活 PMS 产生 HO·和 SO$_4$·$^-$，能有效降解有机污染物，其反应方程式如下：

$$HSO_5^- \xrightarrow{\text{热}} SO_4^{\cdot -} + HO^\cdot \qquad (2.4)$$

$$SO_4^{\cdot -} + H_2O \longrightarrow SO_4^{2-} + HO^\cdot + H^+ \qquad (2.5)$$

由式（2.5）可知，SO$_4$·$^-$和水反应转化为 HO·，但 SO$_4$·$^-$与水的反应太慢，在大多数反应体系中都不太重要。然而，在较高温度下，这一反应进行得很快，这表明温度可以显著提高其反应速率。需要注意的是，在一定温度下，pH 也会影响 SO$_4$·$^-$向 HO·的转化。考虑到投入成本，热活化 PMS 通常不用于大面积地下水的治理。

2.2.2.3 紫外光活化 PMS

紫外光活化 PMS 可在常温常压下进行，不会引入其他添加剂造成二次污染，常应用于降解水中难降解有毒有害污染物。但由于紫外光对水的穿透能力有限，因此其对于地下水的处理或高色度、透光率较低的废水的处理能力较低。紫外光辐照 S$_2$O$_8^{2-}$或 HSO$_5^-$，使氧键断裂产生 HO·和 SO$_4$·$^-$，反应方程式如下：

$$S_2O_8^{2-} \xrightarrow{h\upsilon} 2SO_4^{\cdot -} \qquad (2.6)$$

$$HSO_5^- \xrightarrow{h\upsilon} SO_4^{\cdot -} + HO^\cdot \qquad (2.7)$$

2.2.2.4 捕捉自由基

当 PMS 被激活时，溶液中会生成 SO$_4$·$^-$和 HO·，也会产生 PMS 自由基（SO$_5$·$^-$），但其活性与 SO$_4$·$^-$和 HO·相比微不足道。为了证明 SO$_4$·$^-$和 HO·是主要自由基种类，可在溶液中加入常见的醇类，如乙醇（EtOH）、甲醇（MeOH）和叔丁醇（TBA）。根据两类醇（含氢醇和不含氢醇）与 $SO_4^{\cdot-}$ 和 $HO^{\cdot}$ 反应速率的不同，推测反应过程中自由基的贡献率。TBA 通常被认为是 $HO^{\cdot}$ 清除剂，EtOH 清除 $SO_4^{\cdot-}$ 和 $HO^{\cdot}$ 的速率常数基本相同。因此，MeOH、EtOH 或 TBA 存在时的去除率差异代表了硫酸根的功能。例如，在不同的污染物降解研究中，分别加入乙醇和叔丁醇清除剂，当加入乙醇时，污染物的去除率明显降低，而加入 TBA 后没有明显的淬灭作用。这表明在反应过程中主要是 $SO_4^{\cdot-}$ 起作用。大量文献显示，在 PMS 反应过程中，$SO_4^{\cdot-}$ 是主要的自由基种类，可以通过乙醇的清除试验来判断，$HO^{\cdot}$ 很少被确定为基于 PMS 体系的主要自由基种类。相关研究表明，当 pH 值处于酸性范围时，自由基以 $SO_4^{\cdot-}$ 为主；当 pH 值处于碱性范围时，自由基以 $HO^{\cdot}$ 为主。本书实验中选用叔丁醇、乙醇作为清除剂。

2.2.3　实验方法

2.2.3.1　US/PMS 降解 ATZ

1. 影响因素实验

在不同条件下，US/PMS 对 ATZ 有不同的降解效果，外界因素可能促进或抑制其降解能力。因此，以不同温度、PMS 浓度、pH、超声波强度、ATZ 浓度为考察因素，探索 US/PMS 降解 ATZ 的效果。

（1）温度的影响。

在 500 mL 容量瓶中加入适量 ATZ 储备液和 12.5 mL pH=7 的 PB，用超纯水定容至 500 mL，配制成 pH = 7、浓度为 1.25 μmol/L的 ATZ 溶液。在超声波强度为 0.88 W/mL 的条件下，向特制的反应瓶中加入 10 mL 浓度为 0.01 mol/L 的 PMS 溶液，接入循环水，通过低温恒温水浴槽，分别考察 10℃、15℃、20℃和 25℃对降解 ATZ 的影响。实验反应总时长为 60 min，在反应时间为 0 min、3 min、5 min、10 min、20 min、40 min、60 min 时依次取样 4 mL，同时加入 1 mL 亚硝酸钠溶液。当终止反应结束之后，采用 HPLC 分析水样中 ATZ 的浓度。

（2）PMS 浓度的影响。

配制 pH＝7、浓度为 1.25 μmol/L 的 ATZ 溶液，步骤同 2.2.3.1 第 1 点（1）。在超声波强度为 0.88 W/mL 的条件下，将特制的反应器接入循环水，通过低温恒温水浴槽，控制温度为 20℃。待反应温度稳定后，加入浓度分别为 50 μmol/L、100 μmol/L、200 μmol/L、400 μmol/L 的 PMS 溶液，考察氧化剂（PMS）对降解 ATZ 的影响。待反应温度稳定后，同时开启超声仪器，调节电流，使超声波强度为 0.88 W/mL，并加入 PMS 溶液。实验反应时间、取样量、取样步骤、分析水样中 ATZ 浓度的方法同 2.2.3.1 第 1 点（1）。

（3）pH 的影响。

取适量 ATZ 储备液和 12.5 mL pH 分别为 5、6、7、8、9 的 PB 至 500 mL 容量瓶中，用超纯水定容至 500 mL，配制成浓度为 1.25 μmol/L 的五个 pH 梯度的 ATZ 溶液。将特制的反应器接入循环水，通过低温恒温水浴槽，控制温度为 20℃。待反应温度稳定后，加入 10 mL 0.01 mol/L 的 PMS 溶液，同时开启超声仪器，调节电流，使超声波强度为 0.88 W/mL，开始计时。实验反应时间、取样量、取样步骤、分析水样中 ATZ 浓度的方法同 2.2.3.1 第 1 点（1）。

（4）超声波强度的影响。

配制 pH＝7、浓度为 1.25 μmol/L 的 ATZ 溶液。将特制的反应器接入循环水，通过低温恒温水浴槽，控制温度为 20℃。

待反应温度稳定后，加入 10 mL 0.01 mol/L 的 PMS 溶液，同时开启超声仪器，调节电流，使超声波强度分别为 0.22 W/mL、0.44 W/mL、0.66 W/mL、0.88 W/mL。实验反应时间、取样量、取样步骤、分析水样中 ATZ 浓度的方法同 2.2.3.1 第 1 点 (1)。

（5）ATZ 浓度的影响。

分别取适量 ATZ 储备液加入 12.5 mL pH=7 的 PB，用超纯水定容至 500 mL，配制成 pH=7、浓度分别为 0.625 μmol/L、1.25 μmol/L、2.5 μmol/L 的 ATZ 溶液。将特制的反应器接入循环水，通过低温恒温水浴槽，控制温度为 20℃。待反应温度稳定后，加入 10 mL 0.01 mol/L 的 PMS 溶液，同时开启超声仪器，调节电流，使超声波强度为 0.88 W/mL。实验反应时间、取样量、取样步骤、分析水样中 ATZ 浓度的方法同 2.2.3.1 第 1 点 (1)。

2. 捕捉叔丁醇、乙醇实验

（1）叔丁醇捕捉自由基实验。

取 12.5 mL pH=7 的 PB 和适量 ATZ 储备液，分别加入 1 mL、2 mL、3 mL、4 mL 16 g/L 的叔丁醇，用超纯水定容至 500 mL，配制成 pH=7，浓度为 1.25 μmol/L，叔丁醇浓度分别为 32 mg/L、64 mg/L、96 mg/L、128 mg/L 的 ATZ 溶液。将特制的反应器接入循环水，通过低温恒温水浴槽，控制温度为 20℃。待反应温度稳定后，加入 10 mL 0.01 mol/L 的 PMS 溶液，同时开启超声仪器，调节电流，使超声波强度为 0.88 W/mL。实验反应时间、取样量、取样步骤、分析水样中 ATZ 浓度的方法同 2.2.3.1 第 1 点 (1)。

（2）乙醇捕捉自由基实验。

取 12.5 mL pH=7 的 PB 和适量 ATZ 储备液，分别加入 1 mL、2 mL、3 mL、4 mL 16 g/L 的乙醇，用超纯水定容至

500 mL，配制成 pH＝7，浓度为 1.25 μmol/L，乙醇浓度分别为 32 mg/L、64 mg/L、96 mg/L、128 mg/L 的 ATZ 溶液。其余操作步骤、操作条件同 2.2.3.1 第 2 点（1）。

3. 无机阴离子实验

水体中含有的无机阴离子也可能会对 ATZ 的降解产生影响。为了研究水体中无机阴离子对 US/PMS 降解 ATZ 的影响，选取水体中最常见的氯离子（Cl^-）、碳酸氢根离子（HCO_3^-）、硝酸根离子（NO_3^-）为考察对象。

首先取 12.5 mL pH＝7 的 PB 和适量 ATZ 储备液，分别加入 0.1 mL、0.5 mL、1.0 mL、2.0 mL 0.5 mol/L 的 NaCl 溶液，用超纯水定容至 500 mL，配制成浓度为 1.25 μmol/L，pH＝7，Cl^- 浓度分别为 0.1 mmol/L、0.5 mmol/L、1 mmol/L、2 mmol/L 的 ATZ 溶液。将特制的反应器接入循环水，通过低温恒温水浴槽，控制温度为 20℃。待反应温度稳定后，加入 10 mL 0.01 mol/L 的 PMS 溶液，同时开启超声仪器，调节电流，使超声波强度为 0.88 W/mL，开始计时。实验反应时间、取样量、取样步骤、分析水样中 ATZ 浓度的方法同 2.2.3.1 第 1 点（1）。对于其他无机阴离子（HCO_3^-、NO_3^-）实验，只需将 NaCl 溶液分别换成 NaHCO₃溶液、NaNO₃溶液，重复上述实验步骤即可。

4. US/PB 降解实验

取 12.5 mL pH＝7 的 PB 和适量 ATZ 储备液，用超纯水定容至 500 mL，配制成浓度为 1.25 μmol/L、pH＝7 的 ATZ 溶液。将特制的反应器接入循环水，通过低温恒温水浴槽，控制温度为 20℃。待反应温度稳定后，开启超声仪器，调节电流，使超声波强度为 0.88 W/mL，开始计时。实验反应时间、取样量、取样步骤、分析水样中 ATZ 的方法同 2.2.3.1 第 1 点（1）。

5. PMS/PB 降解实验

配制浓度为 1.25 μmol/L、pH = 7 的 ATZ 溶液，步骤同 2.2.3.1 第 4 点。将特制的反应器接入循环水，通过低温恒温水浴槽，控制温度为 20℃。待反应温度稳定后，加入 10 mL 0.01 mol/L 的 PMS 溶液，开始计时。实验反应时间、取样量、取样步骤、分析水样中 ATZ 浓度的方法同 2.2.3.1 第 1 点（1）。

2.2.3.2　Heat/PMS 降解 ATZ

1. 影响因素实验

（1）温度的影响。

取 12.5 mL pH = 7 的 PB 和适量 ATZ 储备液，用超纯水定容至 500 mL，配制成 pH=7、浓度为 2.5 μmol/L 的 ATZ 溶液。将反应瓶用锡箔纸包裹后放置于恒温水浴锅内，调节恒温水浴槽的水浴温度分别为 30℃、40℃、50℃和 60℃，考察温度对 ATZ 的去除率的影响。待反应温度稳定后，加入 5 mL PMS 溶液。实验反应时间、取样量、取样步骤、分析水样中 ATZ 浓度的方法同 2.2.3.1 第 1 点（1）。

（2）PMS 浓度的影响。

配制 pH = 7、浓度为 2.5 μmol/L 的 ATZ 溶液，步骤同 2.2.3.2 第 1 点（1）。将反应瓶用锡箔纸包裹后放置在 50℃恒温水浴锅内，随后分别加入 50 μmol/L、100 μmol/L、200 μmol/L、400 μmol/L 的 PMS 溶液，考察 PMS 浓度对 ATZ 的去除率的影响。实验反应时间、取样量、取样步骤、分析水样中 ATZ 浓度的方法同 2.2.3.1 第 1 点（1）。

（3）pH 的影响。

取适量 ATZ 储备液，分别加入 12.5 mL pH 为 5、6、7、8、9 的 PB，用超纯水定容至 500 mL，配制成 pH 分别为 5、6、7、8、9，浓度为 2.5 μmol/L 的 ATZ 溶液。将反应瓶用锡箔纸包裹后放置在 50℃恒温水浴锅内，加入 5 mL 0.01 mol/L 的 PMS 溶液，开始计时。实验反应时间、取样量、取样步骤、分析水样中 ATZ 浓度的方法同 2.2.3.1 第 1 点（1）。

（4）ATZ 浓度的影响。

取适量 ATZ 储备液，分别加入 12.5 mL pH=7 的 PB，用超纯水定容至 500 mL，配制成 pH=7，浓度分别为 1.25 μmol/L、2.5 μmol/L、5 μmol/L 的 ATZ 溶液。将反应器用锡箔纸包裹后放置在 50℃恒温水浴锅内，加入 5 mL 0.01 mol/L 的 PMS 溶液。实验反应时间、取样量、取样步骤、分析水样中 ATZ 浓度的方法同 2.2.3.1 第 1 点（1）。

　2. 捕捉叔丁醇、乙醇实验

（1）叔丁醇捕捉自由基实验。

取适量的 ATZ 储备液和 12.5 mL pH=7 的 PB，分别加入 0.5 mL、1.0 mL、2.0 mL 16 g/L 的叔丁醇，用超纯水定容至 500 mL，配制成 pH=7，浓度为 2.5 μmol/L，叔丁醇浓度分别为 32 mg/L、64 mg/L 的 ATZ 溶液。将反应器用锡箔纸包裹后放置在 50℃恒温水浴锅内，投入 5 mL 0.01 mol/L 的 PMS 溶液，开始计时。实验反应时间、取样量、取样步骤、分析水样中 ATZ 浓度的方法同 2.2.3.1 第 1 点（1）。之后改变反应溶液的 pH，将 pH=7 的 PB 换成 pH 分别为 6、8 的 PB，重复上述实验步骤。

（2）乙醇捕捉自由基实验

取 12.5 mL pH=7 的 PB 和适量 ATZ 储备液，分别加入 0.5 mL、1.0 mL、2.0 mL 16 g/L 的乙醇，用超纯水定容至 500 mL，配制成 pH=7，初始浓度为 2.5 μmol/L，乙醇浓度分别为 32 mg/L、64 mg/L 的 ATZ 溶液。将反应器用锡箔纸包裹后放置在 50℃恒温水浴锅内，投入 5 mL 0.01 mol/L 的 PMS 溶液，开始计时。实验反应时间、取样量、取样步骤、分析水样中 ATZ

浓度的方法同 2.2.3.1 第 1 点（1）。之后改变反应溶液的 pH，将 pH＝7 的 PB 换成 pH 分别为 6、8 的 PB，重复上述实验步骤。

3. 无机阴离子实验

取 12.5 mL pH＝7 的 PB 和适量 ATZ 储备液，分别加入 0.1 mL、0.5 mL、1.0 mL、2.0 mL 0.5 mol/L 的 NaCl 溶液，用超纯水定容至 500 mL，配制成浓度为 2.5 μmol/L，pH＝7，Cl^- 浓度分别为 0.1 mmol/L、0.5 mmol/L、1 mmol/L、2 mmol/L 的 ATZ 溶液。将反应器用锡箔纸包裹后放置在 50℃ 恒温水浴锅内，待反应温度稳定后，加入 5 mL 0.01 mol/L 的 PMS 溶液，开始计时。实验反应时间、取样量、取样步骤、分析水样中 ATZ 浓度的方法同 2.2.3.1 第 1 点（1）。对于其他无机阴离子（HCO_3^-、NO_3^-）实验，只需将 NaCl 溶液分别换成 $NaHCO_3$ 溶液、$NaNO_3$ 溶液，重复上述实验步骤即可。

4. Heat/PB 降解实验

取 12.5 mL pH＝7 的 PB 和适量 ATZ 储备液，用超纯水定容至 500 mL，配制成浓度为 2.5 μmol/L、pH＝7 的 ATZ 溶液。将反应器用锡箔纸包裹后放置在 50℃ 恒温水浴锅内，待反应温度稳定后，开始计时。实验反应时间、取样量、取样步骤、分析水样中 ATZ 浓度的方法同 2.2.3.1 第 1 点（1）。

5. Heat/PMS 降解实验

取适量 ATZ 储备液，用超纯水定容至 500 mL，配制成浓度为 2.5 μmol/L 的 ATZ 溶液，用 NaOH 溶液将反应溶液的 pH 调为 7。将反应器用锡箔纸包裹后放置在 50℃ 恒温水浴锅内，待反应温度稳定后，加入 1.0 mL 0.01 mol/L 的 PMS 溶液，开始计时。实验反应时间、取样量、取样步骤、分析水样中 ATZ 浓度的方法同 2.2.3.1 第 1 点（1）。

6. 单独 Heat 实验

取适量 ATZ 储备液，用超纯水定容至 500 mL，配制成浓度为 2.5 μmol/L 的 ATZ 溶液，用 NaOH 溶液将反应溶液的 pH 调为 7。将反应器用锡箔纸包裹后放置在 50℃恒温水浴锅内，待反应温度稳定后开始计时。实验反应时间、取样量、取样步骤、分析水样中 ATZ 浓度的方法同 2.2.3.1 第 1 点（1）。

2.2.3.3　UV/PMS 降解 ATZ 实验

1. 影响因素实验

在不同条件下，UV/PMS 对 ATZ 有不同的降解效果，外界因素可能促进或抑制其降解能力。因此，以不同温度、PMS 浓度、pH、UV 强度、ATZ 浓度为考察对象，探索 UV/PMS 降解 ATZ 的效果。

（1）温度的影响。

取 12.5 mL pH=7 的 PB 和适量 ATZ 储备液，用超纯水定容至 500 mL，配制成 pH=7、浓度为 2.5 μmol/L 的 ATZ 溶液。当 UV 强度为 5 W 时，加入 1 mL 0.01 mol/L 的 PMS 溶液。将反应器用锡箔纸包裹后放置在恒温水浴锅内，考察温度分别为 10℃、15℃、20℃和 25℃时对 ATZ 的去除率的影响。同时，投入 PMS 溶液和预热稳定的 UV 强度为 5 W 紫外灯装置至反应器中，开始计时。实验反应总时长为 20 min，在实验时间分别为 0 min、0.5 min、1 min、2 min、3 min、5 min、10 min、15 min、20 min 时取样 4 mL。随后将 1 mL 亚硝酸钠溶液放入取样，终止反应。最后，用 HPLC 检测分析样品中的 ATZ 浓度。

（2）PMS 浓度的影响。

将恒温水浴锅温度调节为 20℃以内，加入 1 mL 0.01 mol/L 的 PMS 溶液后开始实验。考察浓度分别为 10 μmol/L、20 μmol/L、30 μmol/L、40 μmol/L、50 μmol/L 的 PMS 对 ATZ 的去除率的影响。实验取样时间、取样量、取样步骤、水样分析方法同 2.2.3.3 第 1 点（1）。

（3）pH 的影响。

取适量 ATZ 储备液，加入 12.5 mL pH 分别为 5、6、7、8、9 的 PB，用超纯水定容至 500 mL，配制成 pH 分别为 5、6、7、8、9，浓度为 2.5 μmol/L 的 ATZ 溶液。将恒温水浴锅的温度调至 20℃，把预热好的 UV 强度为 5 W 的紫外灯装置放入反应器中，加入 1 mL 0.01 mol/L 的 PMS 溶液，开始实验。实验取样时间、取样量、取样步骤、水样分析方法同 2.2.3.3 第 1 点（1）。

（4）UV 强度的影响。

取 12.5 mL pH=7 的 PB 和适量 ATZ 储备液，用超纯水定容至 500 mL，配制成 pH=7、浓度为 2.5 μmol/L 的 ATZ 溶液。将恒温水浴锅的温度调至 20℃，将反应器用锡箔纸包裹后放置于恒温水浴锅内，投入 1.0 mL 0.01 mol/L 的 PMS 溶液，将预热好的 UV 强度分别为 3 W、5 W、10 W 的紫外灯装置放入反应器中，开始实验。实验取样时间、取样量、取样步骤、水样分析方法同 2.2.3.3 第 1 点（1）。

（5）ATZ 浓度的影响。

取 12.5 mL pH=7 的 PB、适量 ATZ 储备液投入用锡箔纸包裹的反应瓶内，用超纯水定容至 500 mL，配制成 pH=7、浓度分别为 0.31 μmol/L、0.63 μmol/L、1.25 μmol/L、2.5 μmol/L、5 μmol/L 的 ATZ 溶液。将恒温水浴锅的温度调至 20℃，将反应器用锡箔纸包裹后放置在恒温水浴锅内，加入 1.0 mL 0.01 mol/L 的 PMS 溶液和预热好的 UV 强度为 5 W 的紫外灯装置。实验取样时间、取样量、取样步骤、水样分析方法同 2.2.3.3 第 1 点（1）。

2. 捕捉叔丁醇、乙醇实验

（1）叔丁醇捕捉自由基实验。

取 12.5 mL pH=7 的 PB 和适量 ATZ 储备液，分别加入 1 mL、2 mL、3 mL 8 g/L 的叔丁醇，用超纯水定容至 500 mL，配制成

pH=7，浓度为 2.5 μmol/L，叔丁醇浓度分别为 16 mg/L、32 mg/L、48 mg/L 的 ATZ 溶液。将恒温水浴锅的温度调至 20℃，把预热好的 UV 强度为 5 W 的紫外灯装置放入反应器内，将反应器用锡箔纸包裹后放置在恒温水浴锅内，加入 1.0 mL 0.01 mol/L 的 PMS 溶液，开始计时。实验取样时间、取样量、取样步骤、水样分析方法同 2.2.3.3 第 1 点（1）。

（2）乙醇捕捉自由基实验。

取 12.5 mL pH=7 的 PB 和适量 ATZ 储备液，分别加入 1 mL、2 mL、3 mL 8 g/L 的乙醇，用超纯水定容至 500 mL，配制成 pH=7，浓度为 2.5 μmol/L，乙醇浓度分别为16 mg/L、32 mg/L、48 mg/L 的 ATZ 溶液。将恒温水浴锅的温度调至 20℃，把预热好的 UV 强度为 5 W 的紫外灯装置放入反应器内，将反应器用锡箔纸包裹后放置在恒温水浴锅内，加入 1.0 mL 0.01 mol/L 的 PMS 溶液，开始计时。实验取样时间、取样量、取样步骤、水样分析方法同 2.2.3.3 第 1 点（1）。

3. 无机阴离子实验

为研究水体中无机阴离子对 UV/PMS 降解 ATZ 的影响，选取水体中最常见的 Cl^-、HCO_3^-、NO_3^- 作为考察对象。

取 12.5 mL pH=7 的 PB 和适量 ATZ 储备液，分别加入 0.5 mL、1 mL、1.5 mL、2 mL、2.5 mL、3 mL、3.5 mL、4 mL 浓度为 0.01 mol/L 的 NaCl 溶液，用超纯水定容至 500 mL，配制成 pH=7，浓度为 2.5 μmol/L，Cl^- 浓度分别为 10 μmol/L、20 μmol/L、30 μmol/L、40 μmol/L、50 μmol/L、60 μmol/L、70 μmol/L、80 μmol/L 的 ATZ 溶液。将恒温水浴锅的温度调至 20℃，把预热好的 UV 强度为 5 W 的紫外灯装置放入反应器内，将反应器用锡箔纸包裹后放置在恒温水浴锅内，加入 1.0 mL 0.01 mol/L 的 PMS 溶液，开始计时。实验取样时间、取样量、取样步骤、水样分析方法同 2.2.3.3 第 1 点（1）。对于其他阴离子

（HCO_3^-、NO_3^-）实验，只需将 NaCl 溶液分别换成 $NaHCO_3$ 溶液、$NaNO_3$ 溶液，重复上述实验步骤即可。

4. UV/PB 降解实验

取 12.5 mL pH＝7 的 PB 和适量 ATZ 储备液，用超纯水定容至 500 mL，配制成 pH＝7、浓度为 2.5 μmol/L 的 ATZ 溶液。将恒温水浴锅的温度调至 20℃，把预热好的 UV 强度为 5 W 的紫外灯装置放入反应器内，将反应器用锡箔纸包裹后放置在恒温水浴锅内，开始计时。实验取样时间、取样量、取样步骤、水样分析方法同 2.2.3.3 第 1 点（1）。

5. UV/PMS 氧化降解 ATZ 实验

取 10 mL ATZ 储备液，用超纯水定容至 500 mL，配制成浓度为 2.5 μmol/L 的 ATZ 溶液，用 NaOH 溶液将反应液的 pH 调为 7。将恒温水浴锅的温度调至 20℃，把预热好的 UV 强度为 5 W 的紫外灯装置放入反应器内，将反应器用锡箔纸包裹后放置在恒温水浴锅内，加入 1.0 mL 0.01 mol/L 的 PMS 溶液，开始计时。实验取样时间、取样量、取样步骤、水样分析方法同 2.2.3.3 第 1 点（1）。

6. 单独 UV 降解实验

取适量 ATZ 储备液，用超纯水定容至 500 mL，配制成浓度为 2.5 μmol/L 的 ATZ 溶液。将恒温水浴锅的温度调至 20℃，把预热好的 UV 强度为 5 W 的紫外灯装置放入反应器内，将反应器用锡箔纸包裹后放置在恒温水浴锅内，开始计时。实验取样时间、取样量、取样步骤、水样分析方法同 2.2.3.3 第 1 点（1）。

2.3　影响活化 PMS 降解目标物反应的其他因素

2.3.1　PMS 浓度对降解目标物的影响

随着 PMS 用量的增加，目标物的去除率也随之提高，但这一规律并不适用于存在多种降解速率的不同目标物或清除物种。反应过程中，考虑参加反应物质的反应速率、目标物类型和 PMS 浓度等因素，建立不同有机污染物的动力学和速率常数，可以减少 PMS 投加量，从而达到预期结果。同时，过量的 PMS 也会清除 $SO_4^{\cdot-}$ 和 $HO^{\cdot}$。因此，在此基础上选择一个最佳的 PMS 用量，对降解目标物较为关键。

2.3.2　pH 对降解目标物的影响

大多数情况下，即使 pH 低于碱活化所需范围，pH 在活化过硫酸盐反应中对于降解目标物的影响也十分显著。酸性条件下，通过形成 $HO^{\cdot}$ 降解污染物［式（2.8）］；在中性（pH＝6～8）和碱性（pH＝9～10）条件下，降解目标物取决于目标物和活化剂的类型。

$$SO_4^{\cdot-} + H_2O \longrightarrow SO_4^{2-} + HO^{\cdot} + H^+ \qquad (2.8)$$

pH 对有机污染物的去除有影响。大多数有机污染物在 pH＜7 时无法完全去除，而在 pH＝7～8 时可以完全去除。对于在 pH＝11 的条件下奥卡西平的去除率的一项研究显示，奥卡西平的去除率达到 80％左右。因为在一定温度下，pH 也会影响 $SO_4^{\cdot-}$ 向

HO$^\cdot$ 的转化 [见式 (2.8)]。据报道,当 pH<7 时,主要产生 SO$_4^{\cdot-}$;当 pH=9 时,同时存在 SO$_4^{\cdot-}$ 和 HO$^\cdot$;当 pH=12 时,以 HO$^\cdot$ 为主。在已有研究的基础上可得出结论,与 SO$_4^{\cdot-}$ 和 HO$^\cdot$ 相比,SO$_4^{\cdot-}$ 和 HO$^\cdot$ 共存对去除有机污染物的效果更好。

2.3.3 阴离子浓度对降解目标物的影响

地下水中自然存在的几种离子会影响活化 PMS 降解水中污染物。热活化反应因氯离子的存在而增强,碱活化反应也因氯离子和碳酸氢盐的存在而提高。当溶液中较低浓度的氯离子与硫酸盐自由基发生反应,形成能够降解有机物的氯自由基时,可能会发生强化降解;而高浓度的氯离子可能会清除硫酸盐自由基。

2.4 分析方法

2.4.1 ATZ 检测条件

ATZ 检测采用 Symmetry$^\copyright$ C18 液相色谱柱,液相色谱仪为 Waters 2695−2996 型,ATZ 检测条件为:样品量为 10 μL,波长为 225 nm,液相色谱柱温度为 40℃,流动相甲醇和超纯水的比例为 60∶40,流速为 0.8 mL/min。

2.4.2 ATZ 标准曲线

首先用超纯水溶解 ATZ,分别配制浓度为 0.46 μmol/L、0.93 μmol/L、1.39 μmol/L、1.85 μmol/L、2.30 μmol/L 的

ATZ 标准溶液，然后采用外标法确定 ATZ 浓度，使用 Waters 2695-2996 型高效液相色谱仪得到对应的峰面积，绘制 ATZ 浓度—吸收峰标准曲线，如图 2-1 所示。

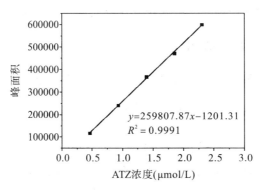

图 2-1　ATZ 浓度—吸收峰标准曲线

根据式（2.9），计算 ATZ 的去除率：

$$\text{ATZ 的去除率}(\%) = \frac{c_0 - c}{c_0} \times 100\% \qquad (2.9)$$

式中　c_0——处理前的 ATZ 浓度，$\mu\text{mol/L}$；

　　　c——处理后的 ATZ 浓度，$\mu\text{mol/L}$。

2.4.3　ATZ 检测分析方法

实验样品基质为水，其主要成分为反应助剂、ATZ 及其反应产物等，物质种类少，杂质含量较低，大部分可能存在的 ATZ 反应产物性质与 ATZ 相似。应该参照 ATZ 检测方法，使用二氯甲烷萃取并处理，将 ATZ 及其可能反应产物均提取至待测液中。由于 ATZ 反应产物未知，故使用 ATZ 定量检测所用 LC-MS/MS 仪器条件进行定性分析，检测待测液中的所有离子，手动提取检测范围内所有离子各自的提取离子色谱图（XIC）。根据该离子的 XIC 出峰情况（保留时间、峰面积等），结合实验条件和查阅文献所得的 ATZ 反应产物信息，筛选可能存在的 ATZ 反应产物。不同样品中相同质荷比离子的提取离子色谱图中，保留时间相同的峰视为同一物质。在不同反应进度下，样品中同一物质的峰面积变化可表征其浓度变化。

2.4.3.1　实验试剂

甲醇，色谱纯；二氯甲烷，色谱纯；水，超纯水。

2.4.3.2　样品的预处理方法

取 4 mL 样品，加入 1 mL 二氯甲烷，回旋振荡 2 min，静置，待溶液分层后，用巴斯德长型吸管收集二氯甲烷层，重复 3 次，合并收集液。收集液过无水硫酸钠干燥小柱除水，取少量二氯甲烷清洗收集管内壁并过干燥小柱，用低流量氮气小心吹扫收集液至恰好吹干，用甲醇复溶并定容至 1 mL 待测。

实验中所有实验仪器装置在使用前必须用色谱纯二氯甲烷润洗，在通风橱中晾干，以保证仪器装置清洁，避免外来污染。实验人员应注意避免乳胶手套以各种方式直接或间接接触样品。

2.4.3.3　LC－MS/MS 测定条件

（1）高效液相色谱条件。

色谱柱：C18 反相色谱柱 XR－ODS（2.0 mm I. D×100 mm 2.2 μm）；

柱温：40℃；

流动相：流动相 A 为甲醇，流动相 B 为水；

流动相等度洗脱：70% 流动相 A；

流速：0.4 mL/min；

进样量：1 μL。

（2）质谱条件。

电喷雾离子源（ESI）：正离子模式；

离子化电压（IS）：4500 V；

离子源温度（TEM）：450℃；

雾化气压力（GS1）：40 psi；

气帘气压力（CUR）：40 psi；

碰撞器（CAD）：medium；

去簇电压（DP）：40 V；

碰撞能（CE）：10 V；

离子扫描检测（Q1 MS）：检测离子范围为 50～1500 Da。

第 3 章　US/PMS 降解 ATZ 动力学及机理研究

近年来，超声波作为一种清洁、安全、节能的水处理技术，被探索用于增强过硫酸盐活化去除有机物，超声波便于与其他活化方式协同作用，具有研究和实际应用意义。本章通过在 PB 中考察不同条件下 US/PMS 降解 ATZ 的效果，并分析探讨其动力学、降解产物及机理，对超声波基本理论、协同氧化机理的理解有重要作用。

3.1　温度对 US/PMS 降解 ATZ 的影响

为了探究温度对 US/PMS 降解 ATZ 的影响，本实验反应溶液 pH=7，ATZ 浓度为 1.25 μmol/L，超声波强度为 0.88 W/mL，PMS 浓度为 200 μmol/L，反应温度分别为 10℃、15℃、20℃、25℃，反应时间为 60 min。

由图 3−1 可知，随着反应温度的升高，US/PMS 降解 ATZ 的效果不断提高。当反应体系温度从 10℃升高至 25℃时，ATZ 的去除率从 19.37％提高至 50.96％。这主要是由于随着温度的升高，活化 PMS 分子的百分比增加，使得 PMS 分解生成 SO_4^{-} 和 HO· 的速率加快。同时，升高温度会使分子运动速率加快，从而提高了 ATZ 与 $SO_4^{\cdot-}$ 和 $HO^{\cdot}$ 之间的碰撞频率，从而进一步加快了 ATZ 的降解。温度升高对降解 ATZ 的提升效果明显，原因主要在于温度的升高使过硫酸根离子分解产生 $SO_4^{\cdot-}$ 的速率加快。容易观察到，温度从 15℃升高至 20℃时 ATZ 的去除率的提高效果比温度从 10℃升高至 15℃升高至 20℃升高至 25℃时明显。随着温度从 15℃升高至 20℃，ATZ 的去除率从 28.91% 提高至 45.86%。这表明，常温范围内的温度变化对 US/PMS 降解 ATZ 的影响较大。

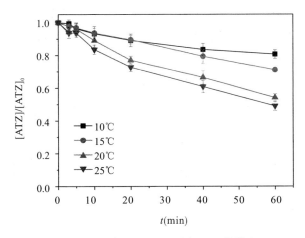

图 3-1 温度对 US/PMS 降解 ATZ 的影响

注：实验条件为 $[ATZ]_0 = 1.25\ \mu mol/L$，$[US]_0 = 0.88\ W/mL$，$[PMS]_0 = 200\ \mu mol/L$，pH=7。

根据 Simonin 等的研究，按照以下动力学方程建立 US/PMS 降解 ATZ 的动力学模型。拟一级反应动力学方程式为

$$\ln(c/c_0) = -K_{obs}t \qquad (3.1)$$

式中 c——任意时间点反应溶液中 ATZ 的浓度，$\mu mol/L$；

c_0——0 时刻反应溶液中 ATZ 的浓度，$\mu mol/L$；

K_{obs}——拟一级反应速率常数，min^{-1}；

t——反应时间，min。

需要指出的是，本书所采用的超声波、热、紫外光等活化方法，仅激发 PMS 产生 SO$_4^{-}$ 和 HO· ，用于降解 ATZ，不会引入其他化学物质。因此，后文所涉及基于热活化 PMS、紫外光活化 PMS 的动力学方程与式（3.1）一致，之后不再赘述。

由图 3-2 可知，不同温度下 US/PMS 降解 ATZ 的过程均符合拟一级反应动力学，当反应体系温度从 10℃ 升高至 25℃，反应速率提高了 2.18 倍。表 3-1 给出了根据半衰期的计算公式 $t_{1/2} = \ln2/K_{obs}$ 计算得到的反应体系温度分别为 10℃、15℃、20℃、25℃ 时 ATZ 的半衰期。由表中结果可以发现，随着温度升高，ATZ 的半衰期逐渐缩短。这主要是由于温度对 US/PMS 降解 ATZ 有着较大的影响，随着温度的升高，反应体系中单位时间内自由基浓度变大，进而加速了 ATZ 的降解。

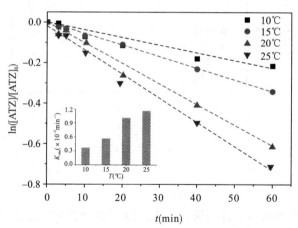

图 3-2　不同温度下 ATZ 降解动力学曲线

注：实验条件为 ［ATZ］$_0$ = 1.25 μmol/L， ［US］$_0$ = 0.88 W/mL， ［PMS］$_0$ = 200 μmol/L，pH=7。

表 3-1　不同温度下 US/PMS 对 ATZ 的降解动力学参数

温度/℃	动力学方程	$t_{1/2}$/min	K_{obs}/min^{-1}	R^2
10	$\ln([ATZ]/[ATZ]_0) = -0.00366t - 0.01700$	189.4	0.00366	0.93236
15	$\ln([ATZ]/[ATZ]_0) = -0.00563t - 0.00382$	123.1	0.00563	0.99875
20	$\ln([ATZ]/[ATZ]_0) = -0.01008t - 0.01532$	68.8	0.01008	0.98788
25	$\ln([ATZ]/[ATZ]_0) = -0.01164t - 0.00329$	59.5	0.01164	0.98338

3.2　PMS 浓度对 US/PMS 降解 ATZ 的影响

作为活性自由基源的 PMS 浓度是评价氧化过程效率的重要因素。反应溶液 pH=7，ATZ 浓度为 1.25 μmol/L，超声波强度为 0.88 W/mL，反应温度为 20℃，PMS 浓度分别为 50 μmol/L、100 μmol/L、200 μmol/L、400 μmol/L，反应时间为 60 min。PMS 溶液对 US/PMS 降解 ATZ 的影响如图 3-3 所示。

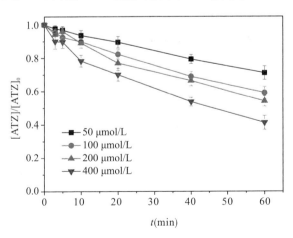

图 3-3　PMS 浓度对 US/PMS 降解 ATZ 的影响

注：实验条件为 $[ATZ]_0 = 1.25$ μmol/L，$[US]_0 = 0.88$ W/mL，$T = 20$℃，pH=7。

由图 3-3 可知，随着反应体系中 PMS 浓度的升高，US/PMS降解 ATZ 的效果不断增强。当反应体系 PMS 浓度从 $50~\mu mol/L$ 升高至 $400~\mu mol/L$ 时，ATZ 的去除率从 28.90% 升高至 58.77%。这主要是因为在其他条件不变时，增大反应体系中的 PMS 浓度会使单位时间内 $SO_4^{\cdot -}$ 和 $HO^{\cdot}$ 的产量增加，从而加速 US/PMS 体系降解 ATZ。值得一提的是，当 PMS 浓度从 $100~\mu mol/L$ 升高至 $200~\mu mol/L$ 时，ATZ 的去除率变化不大。

一般来说，PMS 浓度的增加会导致更多的 $SO_4^{\cdot -}$ 和 $HO^{\cdot}$ 生成。然而，PMS 浓度越高，$SO_4^{\cdot -}$ 和 $HO^{\cdot}$ 的浓度越低。过量的 PMS 可清除 $SO_4^{\cdot -}$ 和 $HO^{\cdot}$ ［见式（3.2）和式（3.3）］，降低 ATZ 的去除率。在这些反应中，会产生 PMS 自由基（$SO_5^{\cdot -}$），由于 $SO_5^{\cdot -}$ 的氧化还原电位（$E^{\theta}=1.1~V$）较低，在降解有机污染物时常被忽略。因此，在实际工程运用中，PMS 的浓度应适宜。

$$HSO_5^- + SO_4^{\cdot -} \longrightarrow SO_4^{2-} + SO_5^{\cdot -} + H^+ \tag{3.2}$$

$$HSO_5^- + HO^{\cdot} \longrightarrow SO_5^{\cdot -} + H_2O \tag{3.3}$$

图 3-4 画出了不同 PMS 浓度下 ATZ 降解动力学曲线，以 $\ln([ATZ]/[ATZ]_0)$ 为纵坐标，以 t 为横坐标，对 US/PMS 降解 ATZ 反应进行拟一级反应动力学拟合。表 3-2 列出了动力学参数。由图 3-4 和表 3-2 可知，当反应体系 PMS 浓度从 $50~\mu mol/L$ 升高至 $400~\mu mol/L$ 时，反应速率提高了 1.51 倍。这主要是由于在其他条件不变时，氧化剂浓度越高，单位时间内受超声波激发产生的自由基浓度越大，从而使氧化效率更高。

根据半衰期的计算公式 $t_{1/2}=\ln2/K_{obs}$，当反应体系中 PMS 浓度分别为 $50~\mu mol/L$、$100~\mu mol/L$、$200~\mu mol/L$、$400~\mu mol/L$ 时，ATZ 的半衰期分别为 123.1 min、81.0 min、68.8 min、49.0 min。随着 PMS 浓度的增大，US/PMS 体系对 ATZ 的去除率逐渐提高，当 PMS 浓度由 $50~\mu mol/L$ 升高至 $400~\mu mol/L$

时，ATZ 的拟一级反应速率常数从 0.00563 min^{-1} 提高到 0.01415 min^{-1}，相应的半衰期由 123.1 min 缩短至 49.0 min。

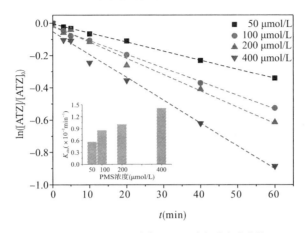

图 3-4　不同 PMS 浓度下 ATZ 降解动力学曲线

注：实验条件为 [ATZ]$_0$=1.25 μmol/L，[US]$_0$=0.88 W/mL，T=20℃，pH=7。

表 3-2　不同 PMS 浓度下 US/PMS 对 ATZ 的降解动力学参数

PMS 浓度/ (μmol/L)	动力学方程	$t_{1/2}$ /min	K_{obs} /min^{-1}	R^2
50	$\ln([ATZ]/[ATZ]_0)=-0.00563t-0.00382$	123.1	0.00563	0.99875
100	$\ln([ATZ]/[ATZ]_0)=-0.00856t-0.02022$	81.0	0.00856	0.99571
200	$\ln([ATZ]/[ATZ]_0)=-0.01008t-0.01532$	68.8	0.01008	0.98788
400	$\ln([ATZ]/[ATZ]_0)=-0.01415t-0.05227$	49.0	0.01415	0.98768

3.3　pH 对 US/PMS 降解 ATZ 的影响

反应溶液的 pH 也是影响有机污染物去除率的关键因素之一。有机污染物在不同 pH 下有不同的 pK_a，可能呈现的不同分子、离子状态而影响其与氧化体系中活性物质的结合和反应。同时，在不同 pH 条件下，氧化体系的自由基类型和自由基氧化能力也存在差异。实验中，pH＝5～9 的 ATZ 的 pK_a 值为 1.68，以去质子化形态存在；而 PMS 有两个 pK_a 值，分别为 0 和 9.2，都以质子化形态存在。

与传统的 Fenton 氧化工艺相比，$SO_4^{\cdot-}$ 高级氧化可以在较大的 pH 范围内工作。因此，为了评价不同反应溶液 pH 对 ATZ 去除率的影响，本书进行了一系列 pH＝5～9 的实验。在 US/PMS 体系中，ATZ 浓度为 1.25 $\mu mol/L$，超声波强度为 0.88 W/mL，PMS 浓度为 200 $\mu mol/L$，温度为 20℃。不同 pH 对 US/PMS 降解 ATZ 的影响如图 3-5 所示。

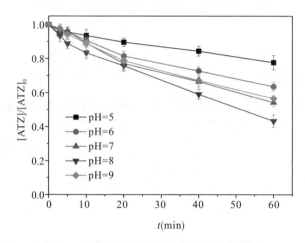

图 3-5　不同 pH 对 US/PMS 降解 ATZ 的影响

注：实验条件：$[ATZ]_0=1.25\ \mu mol/L$，$[US]_0=0.88\ W/mL$，$[PMS]_0=200\ \mu mol/L$，$T=20℃$。

由图 3-5 可知，随着反应体系 pH 的升高，US/PMS 降解 ATZ 的效果逐渐加强。当反应体系 pH 从 5 升高至 8 时，ATZ 的去除率从 22.34％提高至 56.77％。pH＝8 时 ATZ 的去除率比 pH＝5 时提高了 34.43％，这主要是由于超声波可激发 PMS，同时生成 $SO_4^{\cdot-}$ 和 HO·［化学反应式见式（3.4）］，且 HO· 对

ATZ 的氧化能力比 $SO_4^{\cdot-}$ 略强，二者与 ATZ 的二级反应速率常数分别为 3×10^9 $mol^{-1} \cdot L \cdot s^{-1}$ 和 2.59×10^9 $mol^{-1} \cdot L \cdot s^{-1}$；在水溶液中，$SO_4^{\cdot-}$ 可以在任何 pH 条件下与水反应产生 $HO^{\cdot}$，其二级反应速率常数为 8.30 $mol^{-1} \cdot L \cdot s^{-1}$ ［化学反应式见式（3.5）］；在碱性条件下，$SO_4^{\cdot-}$ 也可与 OH^- 反应生成 $HO^{\cdot}$，其二级反应速率常数为 6.50×10^7 $mol^{-1} \cdot L \cdot s^{-1}$ ［化学反应式见式（3.6）］。pH 的变化一般不影响 US/PMS 中 $SO_4^{\cdot-}$ 的产率。随着 pH 不断升高至 9，碱性条件下的 US/PMS 体系单位时间内会产生更多的 $HO^{\cdot}$，$SO_4^{\cdot-}$ 与水反应产生 $HO^{\cdot}$，部分 $SO_4^{\cdot-}$ 开始与水中的 OH^- 反应生成 $HO^{\cdot}$。由于碱性条件下生成的 $HO^{\cdot}$ 的寿命很短，且过量的 $HO^{\cdot}$ 相互淬灭会消耗自由基总量，因此会抑制对 ATZ 的降解，此时 ATZ 的去除率降低至 43.44%。

$$HSO_5^- \xrightarrow{\text{超声波}} SO_4^{\cdot-} + HO^{\cdot} \tag{3.4}$$

$$SO_4^{\cdot-} + H_2O \longrightarrow SO_4^{2-} + HO^{\cdot} + H^+ \tag{3.5}$$

$$SO_4^{\cdot-} + OH^- \longrightarrow SO_4^{2-} + HO^{\cdot} \tag{3.6}$$

图 3-6 为不同 pH 下的 ATZ 降解动力学曲线，US/PMS 降解 ATZ 的过程均符合拟一级反应动力学。表 3-3 列出了不同 pH 下 US/PMS 与 ATZ 的拟一级反应速率常数。由表可知，当反应体系的 pH 从 5 升高至 8 时，拟一级反应速率常数提高了 2.41 倍，ATZ 的半衰期由 178.2 min 缩短至 52.3 min；当反应体系 pH=9 时，拟一级反应速率常数降低，但仍比 pH=5 时提高了 1.44 倍，相应地，ATZ 的半衰期由 178.2 min 缩短至 72.9 min。

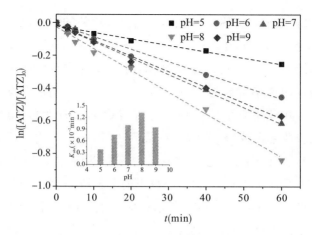

图 3-6　不同 pH 下的 ATZ 降解动力学曲线

注：实验条件为 $[ATZ]_0 = 1.25\ \mu mol/L$，$[US]_0 = 0.88\ W/mL$，$[PMS]_0 = 200\ \mu mol/L$，$T = 20℃$。

表 3-3　不同 pH 下 US/PMS 对 ATZ 的降解动力学参数

pH	动力学方程	$t_{1/2}/min$	K_{obs}/min^{-1}	R^2
5	$\ln([ATZ]/[ATZ]_0) = -0.00389t - 0.02091$	178.2	0.00389	0.98158
6	$\ln([ATZ]/[ATZ]_0) = -0.00755t - 0.01484$	91.8	0.00755	0.98443
7	$\ln([ATZ]/[ATZ]_0) = -0.01008t - 0.01532$	68.8	0.01008	0.98788
8	$\ln([ATZ]/[ATZ]_0) = -0.01325t - 0.02651$	52.3	0.01325	0.99265
9	$\ln([ATZ]/[ATZ]_0) = -0.00951t - 0.01428$	72.9	0.00951	0.99123

3.4　超声波强度对 US/PMS 降解 ATZ 的影响

本实验通过控制超声波强度来研究其对 US/PMS 降解 ATZ 的影响。维持反应溶液 pH=7，ATZ 浓度为 $1.25\ \mu mol/L$，PMS 浓度为 $200\ \mu mol/L$，温度为 20℃，超声波强度分别为 0.22 W/mL、0.44 W/mL、0.66 W/mL、0.88 W/mL，反应时间为 60 min，

在此条件下观察 ATZ 的去除情况。如图 3-7 所示，反应结束时，ATZ 的去除率随超声波强度的增大而提高。

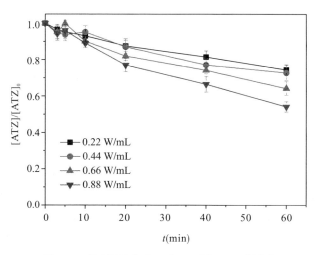

图 3-7　超声波强度对 US/PMS 降解 ATZ 的影响

注：实验条件为 $[ATZ]_0 = 1.25\ \mu mol/L$，$[PMS]_0 = 200\ \mu mol/L$，$T = 20℃$，pH=7。

当超声波频率一定时，超声过程所产生的化学效应随着超声波强度的增强而增加，超声过程产生的能量以及化学效应的效果就越明显。当超声波频率大于 15 kHz 时，超声波辐照溶液即可产生空化效应。本书实验中所用超声波频率高达 150 kHz，在该频率的超声波的作用下，很容易产生空化气泡溃陷，从而在局部形成高温、高压环境。根据 Rayleigh-Plesset 方程，空化气泡处的最高温度（T_{max}）和压力（P_{max}）见式（3.7）和式（3.8）。

$$T_{max} = T_0 \left[\frac{p_a (\gamma - 1)}{p_V} \right] \tag{3.7}$$

$$P_{max} = p_V \left[\frac{p_a (\gamma - 1)}{p_V} \right]^{\gamma/(\gamma - 1)} \tag{3.8}$$

式中　T_0——实验温度或本体溶液温度；

　　　p_V——溶液蒸气压或空化气泡最大尺寸时的压力；

p_a——空化气泡瞬态溃陷时的压力;

γ——气体比热比。

如果仅有空化气泡产生而气泡不溃陷,空化效应难以较好地发生。只有当有足够的时间使空化气泡溃陷,才能较好地发生空化效应。因此,超声波的强度与空化效应之间不是线性关系。

图 3-7 给出了不同超声波强度对 US/PMS 降解 ATZ 的影响。由图可知,随着反应体系中超声波强度的升高,US/PMS 降解 ATZ 的效果逐渐增强。当超声波强度从 0.22 W/mL 升高至 0.88 W/mL 时,ATZ 的去除率从 25.53% 提高至 45.85%。这主要是由于超声波能引起空化气泡现象,而空化气泡的形成和溃陷瞬间能形成极端高温、高压,从而活化 PMS 生成 HO· 和 $SO_4^{·-}$ 降解 ATZ。值得注意的是,当超声波强度从 0.66 W/mL 升高至 0.88 W/mL 时,ATZ 的去除率相比超声波强度从 0.22 W/mL 升高至 0.44 W/mL 时有较明显的提高。

当超声波强度为 0.22~0.88 W/mL 时,ATZ 在水溶液内部已经发生了热解反应,促使 ATZ 降解生成其他小分子。

$$\text{ATZ} \xrightarrow{\text{超声波,热解}} \text{products} \tag{3.9}$$

图 3-8 和表 3-4 分别给出了不同超声波强度下的 ATZ 降解动力学曲线和不同超声波强度下 US/PMS 对 ATZ 的降解动力学参数。由上述结果可知,在不同超声波强度下,US/PMS 降解 ATZ 均符合拟一级反应动力学,当反应体系的超声波强度从 0.22 W/mL 升高至 0.88 W/mL 时,ATZ 拟一级反应速率常数 K_{obs} 从 0.00467 min^{-1} 升高至 0.01008 min^{-1},提高了 1.16 倍。这主要是由于在其他条件不变时,超声波强度越大,单位时间受超声波激发产生的自由基浓度越大,从而使氧化效率更高。

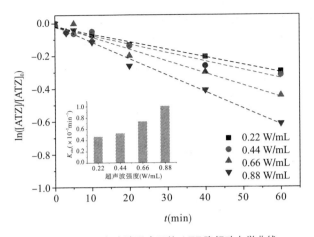

图 3-8　不同超声波强度下的 ATZ 降解动力学曲线

注：实验条件为 $[ATZ]_0=1.25\ \mu mol/L$，$[PMS]_0=200\ \mu mol/L$，$T=20℃$，$pH=7$。

表 3-4　不同超声波强度下 US/PMS 对 ATZ 的降解动力学参数

超声波强度 /(W/mL)	动力学方程	$t_{1/2}$ /min	K_{obs} /min^{-1}	R^2
0.22	$\ln([ATZ]/[ATZ]_0)=-0.00467t-0.02045$	148.4	0.00467	0.98401
0.44	$\ln([ATZ]/[ATZ]_0)=-0.00522t-0.02365$	132.8	0.00522	0.95791
0.66	$\ln([ATZ]/[ATZ]_0)=-0.00734t-0.01180$	94.4	0.00734	0.96619
0.88	$\ln([ATZ]/[ATZ]_0)=-0.01008t-0.01532$	68.8	0.01008	0.98788

　　超声波强度从 0.22 W/mL 升高至 0.88 W/mL 时，相对应的 ATZ 的半衰期由 148.4 min 缩短至 68.8 min。由此可知，超声波强度增大，会明显提高反应速率和缩短 ATZ 的半衰期。

3.5　ATZ 浓度对 US/PMS 降解 ATZ 的影响

　　ATZ 浓度对 US/PMS 降解 ATZ 的影响如图 3-9 所示。反应条件为：温度为 20℃，pH＝7，超声波强度为 0.88 W/mL，

PMS 浓度为 200 μmol/L，分别向其中投入浓度为 0.625 μmol/L、1.25 μmol/L、2.5 μmol/L 的 ATZ，反应时间为 60 min。

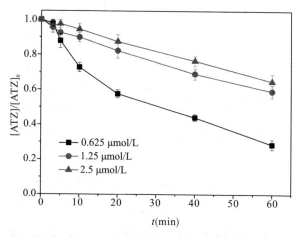

图 3−9　ATZ 浓度对 US/PMS 降解 ATZ 的影响

注：实验条件为 [PMS]$_0$=200 μmol/L，[US]$_0$=0.88 W/mL，T=20℃，pH=7。

由图 3−9 可知，随着反应体系中 ATZ 浓度的升高，US/PMS 降解 ATZ 的效果逐渐减弱。当 ATZ 浓度从 0.625 μmol/L 升高至 2.5 μmol/L 时，ATZ 的去除率从 71.37% 降低至 35.22%。容易观察到，当 ATZ 浓度从 0.625 μmol/L 升高至 1.25 μmol/L 时，ATZ 的去除率出现大幅下降，从 71.37% 降至 40.88%；而当 ATZ 浓度从 1.25 μmol/L 升高至 2.5 μmol/L 时，ATZ 的去除率则小幅下降，从 40.88% 降至 35.22%。上述现象表明，当反应溶液中 ATZ 浓度较低时，反应溶液中有机物消耗自由基的速率低于自由基氧化剂的产生速率，此时 ATZ 的去除率比较高；当反应溶液中 ATZ 浓度升高时，有机物消耗自由基的速率远大于自由基氧化剂的产生速率，此时 ATZ 的去除率将明显下降；当 ATZ 浓度从 0.625 μmol/L 升高到 2.5 μmol/L 时，溶液中所产生的自由基与有机物结合发生反应的速率更大，则 ATZ 的去除率从 71.37% 降至 35.22%。

图 3-10 描述了不同 ATZ 浓度下的 ATZ 降解动力学曲线，由图可知，在不同 ATZ 浓度下，US/PMS 降解 ATZ 均符合拟一级反应动力学。表 3-5 为不同 ATZ 浓度下 US/PMS 对 ATZ 的降解动力学参数。分析图 3-10 和表 3-5 可知，当 ATZ 浓度从 0.625 $\mu mol/L$ 升高至 2.5 $\mu mol/L$ 时，拟一级反应速率常数降低了 0.65，ATZ 的半衰期从 33.8 min 延长至 97.5 min。这表明，随着 ATZ 浓度升高，反应速率逐渐降低，ATZ 的半衰期明显延长。

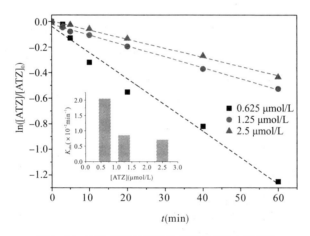

图 3-10　不同 ATZ 浓度下的 ATZ 降解动力学曲线

注：实验条件为 $[PMS]_0 = 200\ \mu mol/L$，$[US]_0 = 0.88\ W/mL$，$T = 20℃$，$pH = 7$。

表 3-5　不同 ATZ 浓度下 US/PMS 对 ATZ 的降解动力学参数

ATZ 浓度 /($\mu mol/L$)	动力学方程	$t_{1/2}$ /min	K_{obs} /min^{-1}	R^2
0.625	$\ln([ATZ]/[ATZ]_0) = -0.02051t - 0.03765$	33.8	0.02051	0.97596
1.25	$\ln([ATZ]/[ATZ]_0) = -0.00856t - 0.02022$	81.0	0.00856	0.99571
2.5	$\ln([ATZ]/[ATZ]_0) = -0.00711t - 0.00365$	97.5	0.00711	0.99303

3.6　水体中常见阴离子浓度对 US/PMS 降解 ATZ 的影响

　　水体中广泛存在 Cl^-、HCO_3^-、NO_3^- 等大量无机阴离子，这些无机阴离子可能对 US/PMS 降解 ATZ 有一定的影响。本书选用 Cl^-、HCO_3^-、NO_3^- 为代表来探讨氧化体系中常见阴离子浓度对 US/PMS 降解 ATZ 的影响。

　　在 pH＝7 的 PB 中，以超声波强度为 0.88 W/mL、PMS 浓度为 200 μmol/L、温度为 20℃、ATZ 浓度为 1.25 μmol/L 的条件来考察 Cl^-、HCO_3^-、NO_3^- 三种常见阴离子浓度对 US/PMS 降解 ATZ 的影响，如图 3-11～图 3-13 所示。

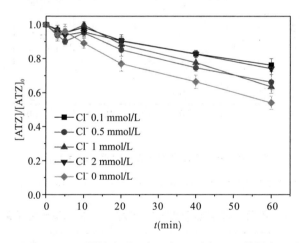

图 3-11　不同浓度 Cl^- 对 US/PMS 降解 ATZ 的影响

　　注：实验条件为 $[ATZ]_0 = 1.25$ μmol/L，$[PMS]_0 = 200$ μmol/L，$[US]_0 = 0.88$ W/mL，$T = 20℃$，pH＝7。

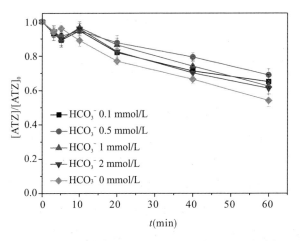

图 3-12　不同浓度 HCO$_3^-$ 对 US/PMS 降解 ATZ 的影响

注：实验条件为 [ATZ]$_0$＝1.25 μmol/L，[PMS]$_0$＝200 μmol/L，[US]$_0$＝0.88 W/mL，T＝20℃，pH＝7。

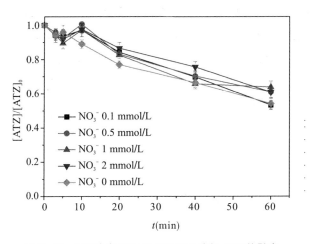

图 3-13　不同浓度 NO$_3^-$ 对 US/PMS 降解 ATZ 的影响

注：实验条件为 [ATZ]$_0$＝1.25 μmol/L，[PMS]$_0$＝200 μmol/L，[US]$_0$＝0.88 W/mL，T＝20℃，pH＝7。

由图 3-11～图 3-13 可知，同浓度的 Cl$^-$、HCO$_3^-$、NO$_3^-$ 对 US/PMS 降解 ATZ 主要表现出抑制作用，三种阴离子的抑制能力由大到小的顺序为 Cl^-、HCO_3^-、NO_3^-，具体表现为向 US/PMS 体系中分别加入 2 mmol/L Cl^-、HCO_3^-、NO_3^- 后，其对 ATZ 的去除率从 45.85% 分别降低为 25.85%、38.81%、39.19%。

Cl^-、HCO_3^- 表现出抑制作用主要是因为 Cl^-、HCO_3^- 在 US/PMS 体系中会与 ATZ 竞争 $HO^\cdot$ 和 $SO_4^{\cdot-}$，并生成 $Cl^\cdot$、$Cl_2^{\cdot-}$、$ClOH^{\cdot-}$、$CO_3^{\cdot-}$，而 $Cl^\cdot$、$Cl_2^{\cdot-}$、$ClOH^{\cdot-}$、$CO_3^{\cdot-}$ 与 ATZ 的反应速率要低于 $HO^\cdot$、$SO_4^{\cdot-}$ 与 ATZ 的反应速率。Cl^- 的抑制作用较 HCO_3^- 略强，主要是因为 $Cl_2^{\cdot-}$ 与 ATZ 的二级反应速率常数低于 $CO_3^{\cdot-}$ 与 ATZ 的二级反应速率常数。

NO_3^- 表现出较弱的抑制作用主要由两个原因引起：一是 NO_3^- 可与 $SO_4^{\cdot-}$ 反应生成氧化还原电位较高的 $NO_3^\cdot$，而 $NO_3^\cdot$ 也可参与降解 ATZ 反应；二是在 US/PMS 体系中，NO_3^- 的浓度远高于 ATZ 的浓度，虽然 NO_3^- 与 $SO_4^{\cdot-}$ 的反应速率很低，但大量的 NO_3^- 仍会与 ATZ 竞争 US/PMS 体系中的 $SO_4^{\cdot-}$，这就使得 NO_3^- 在宏观上表现出较弱的抑制作用［主要化学反应式见式（3.10）～式（3.21）］。

$$HO^\cdot + HCO_3^- \longrightarrow CO_3^{\cdot-} + H_2O, \quad K = 8.60 \times 10^6 \ mol^{-1} \cdot L \cdot s^{-1}$$

$$(3.10)$$

$$SO_4^{\cdot-} + HCO_3^- \longrightarrow CO_3^{\cdot-} + HSO_4^-, \quad K = 2.80 \times 10^6 \ mol^{-1} \cdot L \cdot s^{-1}$$

$$(3.11)$$

$$CO_3^{\cdot-} + ATZ \longrightarrow products, \quad K = 6.20 \times 10^6 \ mol^{-1} \cdot L \cdot s^{-1}$$

$$(3.12)$$

$$HO^\cdot + Cl^- \longrightarrow ClOH^{\cdot-}, \quad K = 4.30 \times 10^9 \ mol^{-1} \cdot L \cdot s^{-1}$$

$$(3.13)$$

$$ClOH^{\cdot-} + Cl^- \longrightarrow Cl_2^{\cdot-} + OH^-, \quad K = 1.0 \times 10^5 \ mol^{-1} \cdot L \cdot s^{-1}$$

$$(3.14)$$

$$SO_4^{\cdot -} + Cl^- \longrightarrow Cl^{\cdot} + SO_4^{2-}, \quad K = 3.0 \times 10^9 \ mol^{-1} \cdot L \cdot s^{-1}$$
$$(3.15)$$

$$Cl^{\cdot} + Cl^- \longrightarrow Cl_2^{\cdot -}, \quad K = 8.50 \times 10^9 \ mol^{-1} \cdot L \cdot s^{-1}$$
$$(3.16)$$

$$Cl_2^{\cdot -} + ATZ \longrightarrow products, \quad K = 5.0 \times 10^4 \ mol^{-1} \cdot L \cdot s^{-1}$$
$$(3.17)$$

$$SO_4^{\cdot -} + NO_3^- \longrightarrow NO_3^{\cdot} + SO_4^{2-}, \quad K = 5.0 \times 10^4 \ mol^{-1} \cdot L \cdot s^{-1}$$
$$(3.18)$$

$$NO_3^{\cdot} + ATZ \longrightarrow products \qquad (3.19)$$

$$SO_4^{\cdot -} + ATZ \longrightarrow products, \quad K = 2.59 \times 10^9 \ mol^{-1} \cdot L \cdot s^{-1}$$
$$(3.20)$$

$$HO^{\cdot} + ATZ \longrightarrow products, \quad K = 3.0 \times 10^9 \ mol^{-1} \cdot L \cdot s^{-1}$$
$$(3.21)$$

3.7　US/PMS 降解 ATZ 动力学分析

本节重点考察 Cl^-、HCO_3^-、NO_3^- 浓度对 PMS 氧化降解 ATZ 的影响和动力学特征。由拟一级反应动力学方程式［见式 (3.1)］可得拟二级反应动力学方程式如下：

$$1/c = K_2 t + 1/c_0 \qquad (3.22)$$

将 $c/c_0 = 1 - \gamma$ 代入式 (3.22) 中可得：

$$1/(1 - \gamma) = K_2 c_0 t + 1 \qquad (3.23)$$

式中　c——任意时间点 ATZ 的浓度，$\mu mol/L$；

c_0——反应溶液中 0 时刻 ATZ 的浓度，$\mu mol/L$；

γ——ATZ 去除率，%；

K_2——拟二级反应速率常数，$\mu mol^{-1} \cdot L \cdot min^{-1}$；

t——反应时间，min。

　　需要指出的是，与拟一级反应动力学模型类似，本书涉及不同活化 PMS 的反应体系的拟二级反应动力学模型均采用式 (3.23)。

　　图 3-14 给出了 US/PMS 降解 ATZ 拟一级反应动力学拟合结果，表 3-6 给出了 US/PMS 对 ATZ 的降解动力学参数。由图 3-14 和表 3-6 可知，在相同浓度下，ETA 对 US/PMS 降解 ATZ 的抑制作用最强，使 US/PMS 降解 ATZ 的速率降低为原来的 10.91%。浓度为 1 mmol/L 的 Cl^-、HCO_3^-、NO_3^- 对 US/PMS降解 ATZ 的抑制作用相差不大，三种离子的抑制作用机理详见 3.6，在此不再赘述。Li 等的研究发现，US/PS 降解 1,1,1-三氯乙烷和 1,4-二恶烷均符合拟一级反应动力学，与本书研究结果相似。

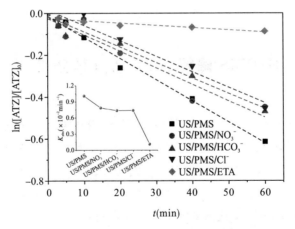

图 3-14　US/PMS 降解 ATZ 拟一级反应动力学拟合结果

注：实验条件为 $[ATZ]_0 = 1.25\ \mu mol/L$，$[PMS]_0 = 200\ \mu mol/L$，$[US]_0 = 0.88\ W/mL$，$[Cl^-]_0 = 1\ mmol/L$，$[HCO_3^-]_0 = 1\ mmol/L$，$[NO_3^-]_0 = 1\ mmol/L$，$[ETA]_0 = 1\ mmol/L$，$T = 20℃$，$pH = 7$。

表 3-6 US/PMS 对 ATZ 的降解动力学参数

反应体系	反应速率常数		R^2	
	拟一级反应 /min^{-1}	拟二级反应/ $\mu mol^{-1} \cdot L \cdot min^{-1}$	拟一级反应	拟二级反应
US/PMS	−0.01008	0.01381	0.98788	0.99104
US/PMS/HCO$_3^-$	−0.00735	0.00939	0.94938	0.94936
US/PMS/NO$_3^-$	−0.00788	0.01009	0.89850	0.91263
US/PMS/Cl$^-$	−0.00738	0.00922	0.95685	0.94498
US/PMS/ETA	−0.0011	0.00115	0.68884	0.70160

由图 3-14、图 3-15 和表 3-6 可知，ATZ 在 US/PMS/NO$_3^-$、US/PMS/ETA 体系中的降解过程更符合拟二级反应动力学，其中，US/PMS 体系拟二级反应中的 R^2 为 0.99104，线性关系较好。ATZ 在 US/PMS/HCO$_3^-$ 体系、US/PMS/Cl$^-$ 体系中的降解过程更符合拟一级反应动力学。US/PMS 体系中加入 HCO$_3^-$、NO$_3^-$、Cl$^-$ 对其降解 ATZ 的抑制作用相当；而 US/PMS 体系中加入 ETA 对其降解 ATZ 的抑制作用更加明显。

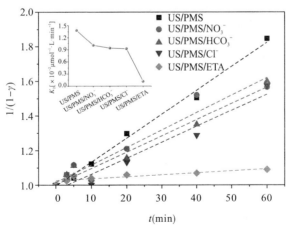

图 3-15 US/PMS 降解 ATZ 拟二级反应动力学拟合结果

注：实验条件为 [ATZ]$_0$＝1.25 mmol/L，[PMS]$_0$＝200 μmol/L，[US]$_0$＝0.88 W/mL，[Cl$^-$]$_0$＝1 mmol/L，[HCO$_3^-$]$_0$＝1 mmol/L，[NO$_3^-$]$_0$＝1 mmol/L，[ETA]$_0$＝1 mmol/L，T＝20℃，pH＝7。

3.8　US/PMS 降解 ATZ 机理分析

US/PMS 体系中产生了具有强氧化性的自由基，对有机物有较好的降解作用，本节拟对活性自由基进行捕捉，由此探究氧化体系中，活性自由基的生成情况及其在降解 ATZ 过程中的贡献。

3.8.1　活性自由基捕捉实验

反应溶液 pH=7，超声波强度为 0.88 W/mL，PMS 浓度为 200 μmol/L，温度为 20℃，ATZ 浓度为 1.25 μmol/L，通过单因素法来分析 US/PMS 降解 ATZ 的机理，如图 3-16 所示。

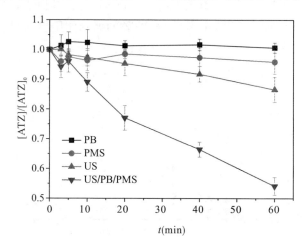

图 3-16　US/PMS 体系中各组分的氧化效果

注：实验条件为 $[ATZ]_0 = 1.25$ μmol/L，$[PMS]_0 = 200$ μmol/L，$[US]_0 = 0.88$ W/mL，$T = 20℃$，pH=7。

图 3-16 描述了 US/PMS 体系中各组分的氧化效果。由图

可知，单独 PB 对 ATZ 没有降解效果。由于 PMS 本身具有一定的氧化性，因此，单独 PMS 也有一定的降解污染物的能力。现有浓度下，单独 PMS 对 ATZ 有极微弱的降解效果，去除率为 4.1%。单独 US 对 ATZ 的去除率为 13.43%，占 US/PB/PMS（仅此处区分 US/PB/PMS 体系与 US/PMS 体系，其他 US/PMS 体系均指在 PB 中）降解 ATZ 的总去除率的 29.29%。US/PMS 对 ATZ 的去除率为 45.85%，相较于单独 US 对 ATZ 的去除率高 32.42%，这主要是由于 US 可激发 PMS 生成 $SO_4^{\cdot-}$ 和 $HO^{\cdot}$，而 $SO_4^{\cdot-}$ 和 $HO^{\cdot}$ 对 ATZ 的降解效果较好。Dionysiou 等的研究表明，TBA 与 $HO^{\cdot}$ 和 $SO_4^{\cdot-}$ 的二级反应速率常数分别为 $3.8 \times 10^8 \sim 7.6 \times 10^8$ $mol^{-1} \cdot L \cdot s^{-1}$ 和 $4 \times 10^5 \sim 9.1 \times 10^5$ $mol^{-1} \cdot L \cdot s^{-1}$，而 Buxton 等的研究表明 ETA 与 $HO^{\cdot}$ 和 $SO_4^{\cdot-}$ 的二级反应速率常数分别为 $1.2 \times 10^9 \sim 2.8 \times 10^9$ $mol^{-1} \cdot L \cdot s^{-1}$ 和 $1.6 \times 10^7 \sim 7.7 \times 10^7$ $mol^{-1} \cdot L \cdot s^{-1}$。因此，当反应体系中同时存在 $HO^{\cdot}$ 和 $SO_4^{\cdot-}$ 时，可以用 TBA 捕捉 $HO^{\cdot}$，同时用 ETA 捕捉 $HO^{\cdot}$ 和 $SO_4^{\cdot-}$。

　　图 3-17 和 3-18 分别描述了 pH=7 的 PB 中，TBA 和 ETA 对 US/PMS 降解 ATZ 的影响，图 3-19 对比了 pH=7 的 PB 中 TBA 与 ETA 对 US/PMS 降解 ATZ 的影响。由图 3-17、图 3-18、图 3-19 可知，加入 TBA 与 ETA 均可有效抑制 US/PMS 对 ATZ 的降解，且 ETA 的抑制作用强于 TBA，US/PMS 体系中同时存在 $HO^{\cdot}$ 和 $SO_4^{\cdot-}$。在 pH=7 的 PB 中分别维持 48 mg/L 的 TBA 与 ETA 时，US/PMS 对 ATZ 的去除率由 45.85% 分别降为 16.36% 和 8.28%。由此可知，在 pH=7 的条件下，US/PMS 对 ATZ 的降解以自由基氧化降解为主。

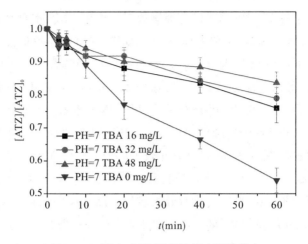

图 3-17　TBA 对 US/PMS 降解 ATZ 的影响

注：实验条件为 $[ATZ]_0 = 1.25\ \mu mol/L$，　$[PMS]_0 = 200\ \mu mol/L$，　$[US]_0 = 0.88\ W/mL$，$T = 20℃$，pH=7。

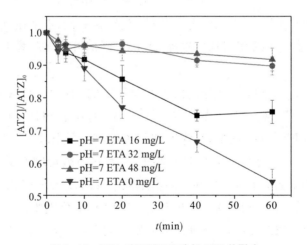

图 3-18　ETA 对 US/PMS 降解 ATZ 的影响

注：实验条件为 $[ATZ]_0 = 1.25\ \mu mol/L$，　$[PMS]_0 = 200\ \mu mol/L$，　$[US]_0 = 0.88\ W/mL$，$T = 20℃$，pH=7。

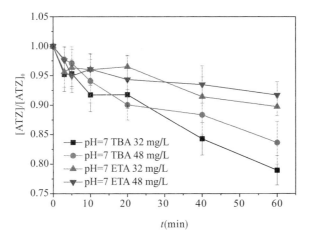

图 3-19　TBA 与 ETA 对 US/PMS 降解 ATZ 的影响对比

注：实验条件为 $[ATZ]_0 = 1.25 \ \mu mol/L$，$[PMS]_0 = 200 \ \mu mol/L$，$[US]_0 = 0.88 \ W/mL$，$T = 20℃$，pH=7。

3.8.2　US/PMS 降解 ATZ 的途径

在 US/PMS 降解 ATZ 的过程中，由 5 min、20 min、60 min 三个样品质谱图、总离子流图、提取离子流图可知，ATZ 的主要降解产物质荷比（m/z）为 128、129、146、156、174、188、198、214、218、232 等。通过 HPLC-ESI-MS（阳离子模式）对 US/PMS 降解 ATZ 的产物进行分析，本书推测 US/PMS 降解 ATZ 可能存在以下五种途径：

（1）途径 I。

ATZ 的相对分子质量为 216，HO· 自由基进攻 ATZ 分子的 C—Cl 键，先发生脱氯-羟基化反应生成 2-羟基-4-二乙氨基-6-异丙氨基 ATZ（2-hydroxy-4-diethylamino-6-isopropylami-no atrazine，HDIA）；然后发生 HDIA 的脱异丙基反应，生成 2-羟基-4-二乙氨基-6-氨基 ATZ（2-hydroxy-4-diethylamino-

6—amino atrazine，HDAA)；进一步发生脱乙基反应，生成 2—羟基—4,6—二氨基 ATZ（2—hydroxy—4,6—diamino atrazine，HDA)；最后 HDA 的氨基被羟基取代，生成 2,4—二羟基—6—氨基 ATZ（2,4—dihydroxy—6—amino atrazine，DAA)。

（2）途径Ⅱ。

ATZ 脱去异丙基，生成 2—氯—4—二乙氨基—6—氨基 ATZ（2—chloro—4—diethylamino—6—amino atrazine，CDAA)；然后发生脱乙基去异丙基反应，生成 2—氯—4,6—二氨基 ATZ（2—chloro—4,6—diamino atrazine，CDA)；接着 HO· 进攻 CDA 上的 C—Cl 键，生成 2—羟基—4,6—二氨基 ATZ（2—hydroxy—4,6—diamino atrazine，HDA)；最后 HDA 的氨基被羟基取代，生成 2,4—二羟基—6—氨基 ATZ（2,4—dihydroxy—6—amino atrazine，DAA)。

（3）途径Ⅲ。

ATZ 发生脱乙基反应，生成 2—氯—4—氨基—6—异丙氨基 ATZ（2—chloro—4—amino—6—isopropylamino atrazine，CAIA)；然后发生脱乙基去异丙基反应，生成 2—氯—4,6—二氨基 ATZ（2—chloro—4,6—diamino atrazine，CDA)；接着 HO· 进攻 CDA 上的 C—Cl 键，生成 2—羟基—4,6—二氨基 ATZ（2—hydroxy—4,6—diamino atrazine，HDA)；最后 HDA 的氨基被羟基取代，生成 2,4—二羟基—6—氨基 ATZ（2,4—dihydroxy—6—amino atrazine，DAA)。

（4）途径Ⅳ。

ATZ 的某个氢原子被羟基取代，产生 2—氯—4—羟基乙氨基—6—异丙基 ATZ（2—chloro—4—hydroxyethylamino—6—isopropyl atrazine，CHIA)；然后 CHIA 中的氯离子与羟基发生取代反应，生成 2—羟基—4—羟基乙氨基—6—异丙基 ATZ（2—hydroxy—4—hydroxyethylamino—6—isopropyl atrazine，HHIA)。

（5）途径 V。

ATZ 分子中的甲基与羟基发生取代反应，生成 2－氯－4－二乙氨基－6－羟基异丙基 ATZ（2－chloro－4－diethylamino－6－hydroxyisopropyl atrazine，CDHA）。

由此可知，US/PMS 降解 ATZ 主要是通过脱烷基、脱氯、羟基化来实现的。Ji、Wu 等的研究结果与此类似。US/PMS 降解 ATZ 的可能路径如图 3－20 所示。

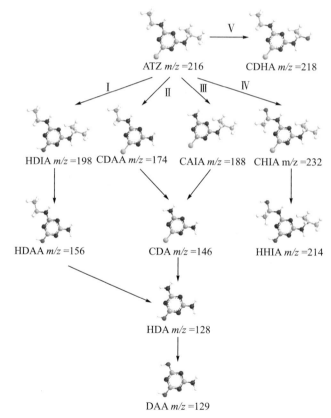

图 3－20　US/PMS 降解 ATZ 的可能路径

注：实验条件为 $[ATZ]_0 = 1.25\ \mu mol/L$，$[PMS]_0 = 200\ \mu mol/L$，$[US]_0 = 0.88\ W/mL$，$T = 20℃$，pH＝7。

3.9 本章小结

本章研究温度、PMS 浓度、pH、超声波强度、ATZ 浓度、水体中常见阴离子（Cl^-、HCO_3^-、NO_3^-）浓度等因素对 US/PMS 体系降解 ATZ 的影响、动力学及机理，通过自由基捕捉实验考察 $HO\cdot$ 和 $SO_4^{\cdot-}$ 的氧化作用，并通过 HPLC－ESI－MS 对 ATZ 的降解途径进行探讨。主要结论如下：

（1）当温度为 $10℃\sim25℃$、PMS 浓度为 $50\sim400\ \mu mol/L$、超声波强度为 $0.22\sim0.88\ W/mL$ 时，US/PMS 体系对 ATZ 的去除率随着温度、PMS 浓度、超声波强度的升高而增大；当 pH＝$5\sim8$ 时，pH 的升高会促进 ATZ 的降解，而当 pH 升高至 9 时，ATZ 的去除率反而降低；当 ATZ 浓度为 $0.625\sim2.5\ \mu mol/L$ 时，随着反应体系中 ATZ 浓度的增大，US/PMS 体系降解 ATZ 的效率不断降低。当温度为 $20℃$、PMS 浓度为 $200\ \mu mol/L$、pH＝7、超声波强度为 $0.88\ W/mL$、ATZ 浓度为 $1.25\ \mu mol/L$、反应时间为 $60\ min$ 时，US/PMS 对 ATZ 的去除率为 45.85%，比单独采用 US 时提高了 32.43%，比单独采用 PMS 时提高了 41.75%。

（2）US/PMS 体系对 ATZ 的降解过程均符合拟一级反应动力学，当温度由 $10℃$ 升高至 $25℃$ 时，拟一级反应速率常数 K_{obs} 由 $0.00366\ min^{-1}$ 升高至 $0.01164\ min^{-1}$，ATZ 的半衰期由 $189.4\ min$ 缩短至 $59.5\ min$；当 PMS 浓度由 $50\ \mu mol/L$ 升高至 $400\ \mu mol/L$ 时，K_{obs} 由 $0.00563\ min^{-1}$ 升高至 $0.01415\ min^{-1}$，ATZ 的半衰期由 $123.1\ min$ 缩短至 $49.0\ min$；当 pH 由 5 升高至 8 时，反应速率提高了 2.41 倍，而当 pH 由 8 升高至 9 时，K_{obs} 有所下降，ATZ 的半衰期有所延长；当超声波强度由 $0.22\ W/mL$ 升高至

0.88 W/mL 时，K_{obs} 由 0.00467 min^{-1} 升高至 0.01008 min^{-1}，ATZ 的半衰期由 148.4 min 缩短至 68.8 min；当 ATZ 浓度由 0.625 μmol/L 升高至 2.5 μmol/L 时，K_{obs} 由 0.02051 min^{-1} 降低至 0.00711 min^{-1}，ATZ 的半衰期由 33.8 min 延长至 97.5 min。

（3）US/PMS 体系中分别加入 2 mmol/L Cl$^-$、HCO$_3^-$、NO$_3^-$ 后，其对 ATZ 的去除率从 45.85％分别降低为 25.85％、38.81％、39.19％。Cl$^-$、HCO$_3^-$、NO$_3^-$ 对 US/PMS 降解 ATZ 主要表现出抑制作用，三种阴离子的抑制能力由大到小的顺序为 Cl$^-$、HCO$_3^-$、NO$_3^-$。ATZ 在 US/PMS/Cl$^-$、US/PMS/HCO$_3^-$ 体系中的降解过程更符合拟一级反应动力学，而在 US/PMS/NO$_3^-$ 体系中的降解过程更符合拟二级反应动力学。

（4）US 可活化 PMS 产生 HO· 和 SO$_4^{·-}$，从而实现对 ATZ 的氧化降解。当在 pH＝7 的 PB 中分别维持 48mg/L 的 TBA 与 ETA 时，US/PMS 体系对 ATZ 的去除率由 45.85％分别降为 16.36％和 8.28％，可见在 pH＝7 的条件下，US/PMS 体系对 ATZ 的降解以自由基氧化降解为主。通过 HPLC－ESI－MS 对 US/PMS 降解 ATZ 的产物进行分析，结果发现 ATZ 的降解可能存在五种途径，主要包括脱烷基、脱氯、羟基化等，但最终三嗪环未被降解，共计发现 10 种 ATZ 降解的中间产物。

第4章 Heat/PMS 降解 ATZ 动力学及机理研究

在各种活化方法中，热活化十分具有吸引力。过氧键在 PMS 分子的热活化过程中发生均裂，产生 $HO^{\cdot}$ 和 $SO_4^{\cdot-}$，进一步氧化有机污染物。与其他活化技术相比，热活化具有一定的优势。例如，由于不需要额外的化学药剂，它可以最大限度地减少其他药剂的消耗，并杜绝了二次污染的问题。另外，提高活化温度可以局部提高反应温度，从而加快反应速率，系统操作也十分简单。本书在 Heat/PMS 降解 ATZ 的实验中，主要考察温度、PMS 浓度、pH、ATZ 浓度等因素的影响，同时进行相应的动力学研究。通过 HPLC−ESI−MS（阳离子模式）对 Heat/PMS 降解 ATZ 的产物结构进行分析，探析 Heat/PMS 降解 ATZ 的途径和机理。

4.1 温度对 Heat/PMS 降解 ATZ 的影响

温度是 Heat/PMS 降解有机污染物的关键因素。本书实验温度选择为 30℃ ～ 60℃，反应溶液 pH = 7，ATZ 浓度为 2.5 μmol/L，PMS 浓度为 100 μmol/L。温度对 Heat/PMS 降解 ATZ 的影响如图 4−1 所示。

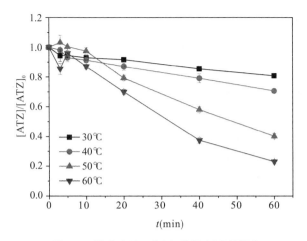

图 4-1　温度对 Heat/PMS 降解 ATZ 的影响

注：实验条件为 $[ATZ]_0=2.5\ \mu mol/L$，$[PMS]_0=100\ \mu mol/L$，pH=7。

由图 4-1 可知，随着反应温度的升高，Heat/PMS 降解 ATZ 的效果不断增强。当反应温度从 30℃升高至 60℃时，ATZ 的去除率从 19.22％提高至 77.01％。当温度从 40℃升高至 50℃时，ATZ 的去除率的提高效果比温度从 30℃升高至 40℃以及从 50℃升高至 60℃时明显。值得注意的是，当反应温度为 50℃时，60 min 时 ATZ 的去除率提高至 59.86％。当反应温度为 60℃时，ATZ 的去除率进一步提高至 77.01％。这一结果表明，高温会促进 PMS 快速分解，从而产生更多的自由基以促进 ATZ 降解。

图 4-2 给出了不同温度下的 ATZ 降解动力学曲线。表 4-1 列出了不同温度下 Heat/PMS 对 ATZ 的降解动力学参数。图 4-2 和表 4-1 所涉及的 Heat/PMS 氧化降解 ATZ 的拟一级反应动力学模型见式（3.1）。由图 4-2 和表 4-1 可知，在不同温度下，Heat/PMS 降解 ATZ 的过程均符合拟一级反应动力学。随着温度的升高，ATZ 的降解速率明显加快。当反应体系温度从 30℃升高至 60℃时，拟一级反应速率常数提高了 7.05 倍，这主要是由于温度对 Heat/PMS 降解 ATZ 的效果有决定性的影

响，升高温度会加快 PMS 的分解速率，从而提高反应溶液中的自由基浓度。当温度分别为 30℃、40℃、50℃、60℃时，ATZ的半衰期分别为 225.0 min、126.3 min、43.3 min、27.9 min，半衰期显著缩短。根据热力学原理，K_{obs} 会随着温度的升高而增大，30℃、40℃、50℃、60℃对应的拟一级反应速率常数分别为 0.00308 min^{-1}、0.00549 min^{-1}、0.01600 min^{-1}、0.02480 min^{-1}。

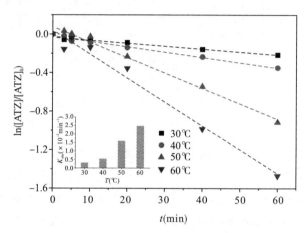

图 4-2　不同温度下的 ATZ 降解动力学曲线

注：实验条件为 $[\text{ATZ}]_0 = 2.5\ \mu\text{mol/L}$，$[\text{PMS}]_0 = 100\ \mu\text{mol/L}$，pH=7。

表 4-1　不同温度下 Heat/PMS 对 ATZ 的降解动力学参数

温度/℃	动力学方程	$t_{1/2}$/min	K_{obs}/min^{-1}	R^2
30	$\ln([\text{ATZ}]/[\text{ATZ}]_0) = -0.00308t - 0.03117$	225.0	0.00308	0.93871
40	$\ln([\text{ATZ}]/[\text{ATZ}]_0) = -0.00549t - 0.02063$	126.3	0.00549	0.97838
50	$\ln([\text{ATZ}]/[\text{ATZ}]_0) = -0.01600t - 0.07571$	43.3	0.01600	0.98355
60	$\ln([\text{ATZ}]/[\text{ATZ}]_0) = -0.02480t - 0.03969$	27.9	0.02480	0.97801

值得注意的是，虽然较高的温度有利于 Heat/PMS 对有机化合物的降解，但可能会同时发生较高的清除反应（如自由基和自由基-非目标物种反应）和 PMS 更快的消耗，从而降低氧化

剂的降解效率。因此，确定最佳温度十分重要。

4.2　PMS **浓度对** Heat/PMS **降解** ATZ **的影响**

　　PMS 浓度可能会影响 ATZ 的降解速率。在 Heat/PMS 的实验中考察 ATZ 浓度为 2.5 μmol/L 时，分别投入 50 μmol/L、100 μmol/L、200 μmol/L、400 μmol/L 的 PMS 对降解 ATZ 的影响。实验中，pH=7，温度为 50℃，分别在 0 min、3 min、5 min、10 min、20 min、40 min、60 min 取样 4 mL，同时加入 1 mL 亚硝酸钠终止反应。在 60 min 的反应时间内，用 HPLC－EST－MS 分析样品中 ATZ 的浓度变化，结果如图 4－3 所示。

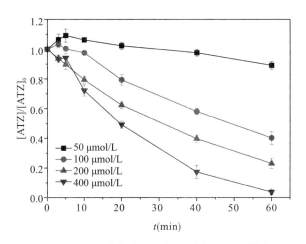

图 4－3　PMS 浓度对 Heat/PMS 降解 ATZ 的影响

注：实验条件为 $[ATZ]_0$=2.5 μmol/L，T=50℃，pH=7。

　　实验结果表明（图 4－3），热活化 PMS 后，其对 ATZ 降解有显著影响。随着 PMS 浓度的提高，ATZ 的降解速率明显加快。当反应体系 PMS 浓度从 50 μmol/L 升高至 400 μmol/L 时，60 min

后，ATZ 的去除率从 10.95% 升高至 96.28%。当 PMS 浓度从 50 μmol/L 升高至 100 μmol/L 时，ATZ 的去除率的增长最为显著。通常在热活化过程中，反应溶液中过硫酸盐浓度越高，可以被激活的活性自由基浓度越高。越高浓度的活性自由基和 ATZ 的接触越多，使降解速率加快，则氧化产物的含量就越高。

图 4-4 是不同 PMS 浓度下的 ATZ 降解动力学曲线，表 4-2 为不同 PMS 浓度下 Heat/PMS 降解 ATZ 的拟一级反应速率常数计算结果。分析图 4-4 和表 4-2 可知，在不同 PMS 浓度下，Heat/PMS 降解 ATZ 的过程均符合拟一级反应动力学，当 PMS 浓度从 50 μmol/L 升高至 400 μmol/L 时，拟一级反应速率常数提高了 19.19 倍，ATZ 的半衰期从 258.6 min 缩短至 12.8 min，缩短了 0.95。这主要是由于，在其他条件不变时，氧化剂浓度越高，单位时间受热激发产生的自由基浓度越大，从而导致氧化效率更高。

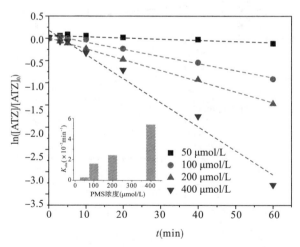

图 4-4　不同 PMS 浓度下的 ATZ 降解动力学曲线

注：实验条件为 $[ATZ]_0 = 2.5\ \mu$mol/L，$T = 50\,^{\circ}C$，pH=7。

表 4-2 不同 PMS 浓度下 Heat/PMS 对 ATZ 的降解动力学参数

PMS 浓度/ (μmol/L)	动力学方程	$t_{1/2}$ /min	K_{obs} /min^{-1}	R^2
50	$\ln([ATZ]/[ATZ]_0) = -0.00268t - 0.06613$	258.6	0.00268	0.71047
100	$\ln([ATZ]/[ATZ]_0) = -0.01600t - 0.07571$	43.3	0.01600	0.98355
200	$\ln([ATZ]/[ATZ]_0) = -0.02426t - 0.01093$	28.6	0.02426	0.99865
400	$\ln([ATZ]/[ATZ]_0) = -0.05412t - 0.18029$	12.8	0.05412	0.97540

4.3 pH 对 Heat/PMS 降解 ATZ 的影响

在氧化降解过程中，pH 对氧化剂分解生成自由基起着关键作用。因此，反应溶液的 pH 是影响 Heat/PMS 降解 ATZ 的一个重要因素。本书实验选择 ATZ 浓度为 2.5 μmol/L，温度 50℃，PMS 浓度为 100 μmol/L，考察的 pH 分别为 5、6、7、8、9，分别在 0 min、3 min、5 min、10 min、20 min、40 min、60 min 时取样 4 mL，同时加入 1 mL 亚硝酸钠溶液终止反应。

当 pH 为 5~9 时，Heat/PMS 对 ATZ 的降解情况如图 4-5 所示。由图可知，随着 pH 的升高，Heat/PMS 降解 ATZ 的效果逐渐加强。在酸性条件下，过量的 H^+ 与 HSO_5^- 反应形成氢键，降低了 ATZ 的去除率。当 pH 从 5 升高至 8 时，ATZ 的去除率从 16.80% 升高至 76.37%，这主要是由于热量可激发 PMS 同时生成 $SO_4^{-\cdot}$ 和 $HO\cdot$ ［见式（4.1）］。

有文献提到，随着 pH 的变化，PMS 的存在形式不同：当 pH<8 时，PMS 主要以 HSO_5^- 形式存在；当 pH>8 时，HSO_5^- 解离生成 SO_5^{2-}；当 pH=10 左右时，HSO_5^- 完全转变为 SO_5^{2-}；当 pH=9 时，PMS 的稳定性最弱，此时其质子化形式 HSO_5^- 的浓度等于未质子化形式 SO_5^{2-} 的浓度。此时，ATZ 的去除率降至

19.86%，可能是由于不同 pH 条件下自由基的种类及其活性存在差异。在 PMS 氧化体系中，同时存在着 $SO_4^{\cdot-}$ 和 $HO^{\cdot}$，前者由 PMS 活化直接产生 [见式（4.1）]，后者可能通过 $SO_4^{\cdot-}$ 和 H_2O 反应直接产生 [见式（4.2）] 和二次反应生成 [见式（4.3）]。$HO^{\cdot}$ 对有机物的氧化可通过电子转移、脱氢或加成实现，而 $SO_4^{\cdot-}$ 对有机物的氧化更倾向于通过电子转移实现。因此，$SO_4^{\cdot-}$ 比 $HO^{\cdot}$ 更具选择性。当反应溶液 pH=9 时，会生产更多的 $HO^{\cdot}$ [见式（4.2）和式（4.3）]，过量 $HO^{\cdot}$ 和 $SO_4^{\cdot-}$ 会发生反应生成 HSO_5^- [反应式见式（4.4）]，或彼此之间相互淬灭，从而消耗高活性自由基，导致目标有机污染物的降解速率变缓。且 $SO_4^{\cdot-}$ 的半衰期（30～40 μs）比 $HO^{\cdot}$ 的半衰期（10^{-3} μs）明显更长，则 $SO_4^{\cdot-}$ 和 ATZ 有更多的接触机会。因此，溶液生成的 $HO^{\cdot}$ 有一部分还来不及和 ATZ 接触就失去了活性。

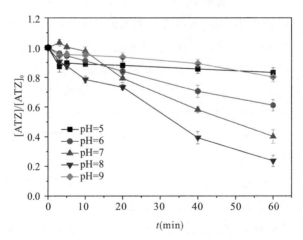

图 4-5　pH 对 Heat/PMS 降解 ATZ 的影响

注：实验条件为 $[ATZ]_0 = 2.5$ $\mu mol/L$，$[PMS]_0 = 100$ $\mu mol/L$，$T = 50℃$，pH=7。

由此推断，当 pH=5～8 时，Heat/PMS 降解 ATZ 是 $SO_4^{\cdot-}$、$HO^{\cdot}$ 和 HSO_5^- 共同作用。当 pH=9 时，有大量的 $HO^{\cdot}$ 产生，与

SO$_4^{\cdot-}$ 的二级反应速率常数为 1×10^{10} mol^{-1} · L · s^{-1}，HSO$_5^-$，HSO$_5^-$ 解离生成 SO$_5^{2-}$，造成 ATZ 的去除率明显下降。

$$HSO_5^- \xrightarrow{\text{Heat}} SO_4^{\cdot-} + HO^{\cdot} \tag{4.1}$$

$$SO_4^{\cdot-} + H_2O \longrightarrow SO_4^{2-} + HO^{\cdot} + H^+ \tag{4.2}$$

$$SO_4^{\cdot-} + OH^- \longrightarrow SO_4^{2-} + HO^{\cdot} \tag{4.3}$$

$$HO^{\cdot} + SO_4^{\cdot-} \longrightarrow HSO_5^- \tag{4.4}$$

图 4-6 给出了不同 pH 下的 ATZ 降解动力学曲线，表 4-3 列出了不同 pH 值下 Heat/PMS 与 ATZ 的拟一级反应速率常数。由图 4-6 和表 4-3 可知，在不同 pH 下，Heat/PMS 降解 ATZ 的过程均符合拟一级反应动力学。当 pH 从 5 升高至 8 时，拟一级反应速率常数提高了 11.77 倍，ATZ 的半衰期从 374.7 min 缩短至 29.3 min，缩短了 345.4 min。当 pH=9 时，拟一级反应速率常数为 0.00302 min^{-1}，比 pH=5 时提高了 0.63 倍，ATZ 的半衰期为 229.5 min，比 pH=8 时延长了 200.2 min。

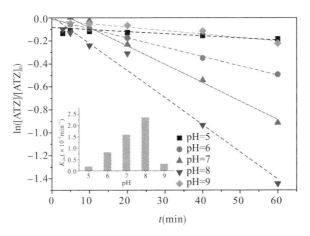

图 4-6　不同 pH 下的 ATZ 降解动力学曲线

注：实验条件为 $[ATZ]_0 = 2.5\ \mu$mol/L，$[PMS]_0 = 100\ \mu$mol/L，$T = 50℃$，pH=7。

表4-3　不同 pH 下 Heat/PMS 对 ATZ 的降解动力学参数

pH	动力学方程	$t_{1/2}/\min$	$K_{obs}/\min^{-1}$	R^2
5	$\ln([ATZ]/[ATZ]_0)=-0.00185t-0.08261$	374.7	0.00185	0.40985
6	$\ln([ATZ]/[ATZ]_0)=-0.00816t-0.01166$	84.9	0.00816	0.99775
7	$\ln([ATZ]/[ATZ]_0)=-0.01600t-0.07571$	43.3	0.01600	0.98355
8	$\ln([ATZ]/[ATZ]_0)=-0.02362t-0.01394$	29.3	0.02362	0.98119
9	$\ln([ATZ]/[ATZ]_0)=-0.00302t-0.02057$	229.5	0.00302	0.89480

4.4　ATZ 浓度对 Heat/PMS 降解 ATZ 的影响

反应溶液 pH=7，PMS 浓度为 100 $\mu mol/L$，温度为 50℃，不同 ATZ 浓度对 Heat/PMS 降解 ATZ 的影响如图4-7所示。

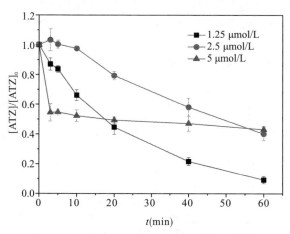

图4-7　ATZ 浓度对 Heat/PMS 降解 ATZ 的影响

注：实验条件为 $[PMS]_0=100\ \mu mol/L$，$T=50℃$，pH=7。

由图4-7可知，随着反应体系中 ATZ 浓度的升高，Heat/PMS 降解 ATZ 的效果逐渐减弱。当 ATZ 浓度从 1.25 $\mu mol/L$ 升高至 5 $\mu mol/L$ 时，ATZ 的去除率从 90.77% 降低至 56.91%，

这与 Lai 等研究发现的现象类似。这可能是由于相同的条件下，热活化 PMS 产生的自由基总量在理论上是相同的。因此，在一定反应时间内，ATZ 初始浓度越高，自由基数量越少，ATZ 的去除率越低。值得注意的是，当 ATZ 浓度为 5 μmol/L 时，5 min 之后反应体系中的 ATZ 浓度基本趋于平衡，这主要是因为在其他条件不变的情况下，增大 ATZ 浓度，单位时间内 $SO_4^{\cdot-}$ 和 $HO^{\cdot}$ 与 ATZ 的碰撞次数增加，导致 ATZ 快速降解，氧化剂被消耗殆尽，最终使 ATZ 浓度趋于平衡而不再下降。

图 4-8 给出了不同 ATZ 浓度下的 ATZ 降解动力学曲线，表 4-4 列出了不同 ATZ 浓度下 Heat/PMS 降解 ATZ 的拟一级反应速率常数。从图 4-8 和表 4-4 的计算结果可以发现，不同 ATZ 浓度下，Heat/PMS 降解 ATZ 的过程均符合拟一级反应动力学。当 ATZ 浓度从 1.25 μmol/L 升高至 5 μmol/L 时，拟一级反应速率常数降低了 0.79，ATZ 的半衰期从 17.7 min 延长至 86.6 min，延长了 68.9 min。这表明随着 ATZ 浓度提高，Heat/PMS 降解 ATZ 的速率明显下降，半衰期时间延长。

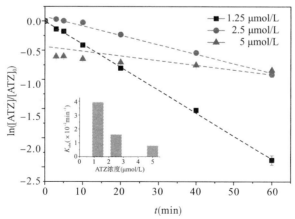

图 4-8　不同 ATZ 浓度下的 ATZ 降解动力学曲线
注：实验条件为 $[PMS]_0 = 100 \ \mu$mol/L，$T = 50℃$，pH=7。

表4-4 不同 ATZ 浓度下 Heat/PMS 对 ATZ 的降解动力学参数

ATZ 浓度 /(μmol/L)	动力学方程	$t_{1/2}$ /min	K_{obs} /min^{-1}	R^2
1.25	$\ln([ATZ]/[ATZ]_0)=-0.03925t-0.00431$	17.7	0.03925	0.99897
2.5	$\ln([ATZ]/[ATZ]_0)=-0.01600t-0.07571$	43.3	0.01600	0.98355
5	$\ln([ATZ]/[ATZ]_0)=-0.00800t-0.43649$	86.6	0.00800	0.30766

4.5 水体中常见阴离子浓度对 Heat/PMS 降解 ATZ 的影响

水体中有很多不同的无机阴离子，Cl^-、NO_3^-、HCO_3^- 是三种常见的阴离子。本节实验主要考察 Cl^-、NO_3^-、HCO_3^- 浓度对 Heat/PMS 降解 ATZ 的影响。

在反应溶液 pH=7、PMS 浓度为 100 μmol/L、温度为 50℃、ATZ 浓度为 2.5 μmol/L 的条件下考察 Cl^-、NO_3^-、HCO_3^- 三种水中常见阴离子的浓度对 Heat/PMS 降解 ATZ 的影响，其结果如图 4-9~图 4-11 所示。

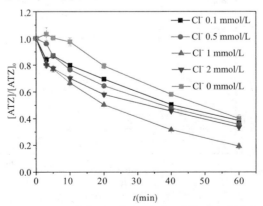

图 4-9 不同浓度 Cl^- 对 Heat/PMS 降解 ATZ 的影响

注：实验条件为 $[ATZ]_0=2.5\ \mu$mol/L，$[PMS]_0=100\ \mu$mol/L，$T=50$℃，pH=7。

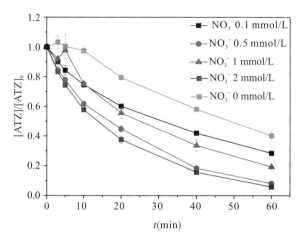

图 4-10　不同浓度 NO_3^- 对 Heat/PMS 降解 ATZ 的影响

注：实验条件：$[ATZ]_0 = 2.5\ \mu mol/L$，$[PMS]_0 = 100\ \mu mol/L$，$T = 50℃$，$pH = 7$。

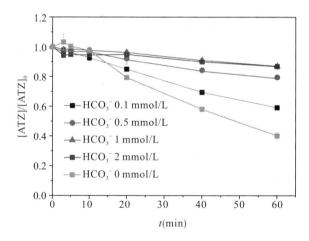

图 4-11　不同浓度 HCO_3^- 对 Heat/PMS 降解 ATZ 的影响

注：实验条件为 $[ATZ]_0 = 2.5\ \mu mol/L$，$[PMS]_0 = 100\ \mu mol/L$，$T = 50℃$，$pH = 7$。

由图 4-9、图 4-10 可知，相同浓度的 Cl^-、NO_3^- 对 Heat/PMS 降解 ATZ 表现为促进作用，且 NO_3^- 的促进作用更强。具体地说，当 Heat/PMS 体系维持 Cl^- 的浓度为 1 mmol/L、NO_3^- 的浓度为 2 mmol/L 时，其对 ATZ 的去除率从 59.86% 分别升高

为 80.73%和 94.15%。值得一提的是，Cl^- 在本实验设置的浓度范围内均表现为促进作用，但促进效果先升高后降低，当浓度为 1 mmol/L 时促进作用最强。这主要是由于少量 Cl^- 可以激发 PMS 生成 $HO^\cdot$ 和 $SO_4^{\cdot-}$，提高单位时间内 Heat/PMS 体系中 $HO^\cdot$ 和 $SO_4^{\cdot-}$ 的稳态浓度，从而加速 Heat/PMS 降解 ATZ；随着反应体系中 Cl^- 不断增加，Cl^- 在 Heat/PMS 体系中会与 ATZ 竞争 $HO^\cdot$ 和 $SO_4^{\cdot-}$，并生成 $Cl^\cdot$、$Cl_2^{\cdot-}$、$ClOH^{\cdot-}$，而 $Cl^\cdot$、$Cl_2^{\cdot-}$、$ClOH^{\cdot-}$ 与 ATZ 的反应速率要低于 $HO^\cdot$ 和 $SO_4^{\cdot-}$，从而表现出抑制作用［主要反应式见式（3.13）～式（3.17）］。另外，$SO_4^{\cdot-}$ 可以与 NO_3^- 反应生成氧化还原电位与 $SO_4^{\cdot-}$ 相当的 $NO_3^\cdot$（约 2.5 V)并参与氧化降解 ATZ，加速 PMS 的分解，并提高单位时间内 Heat/PMS 体系中 $HO^\cdot$ 和 $SO_4^{\cdot-}$ 的稳态浓度，从而加速 Heat/PMS 降解 ATZ［主要反应式见式（3.18）～式（3.21）］。Ghauch 等在研究 Heat/PS 降解比索洛尔时也发现了 NO_3^- 具有促进作用，与本实验现象类似。

由图 4-11 可知，HCO_3^- 对 Heat/PMS 降解 ATZ 表现为抑制作用，这主要是由于 HCO_3^- 在 Heat/PMS 体系中会与 ATZ 竞争 $HO^\cdot$ 和 $SO_4^{\cdot-}$，并生成活性较低的自由基 $CO_3^{\cdot-}$，而 $CO_3^{\cdot-}$ 与 ATZ 的反应速率低于 $HO^\cdot$ 和 $SO_4^{\cdot-}$［主要反应式见式（3.10）～式（3.12）］

4.6　Heat/PMS 降解 ATZ 动力学分析

利用 4.1 和 4.7 给出的拟一级和拟二级反应动力学方程式，可以得到 Heat/PMS 降解 ATZ 的拟一级和拟二级反应动力学拟合结果，如图 4-12、图 4-13 所示。

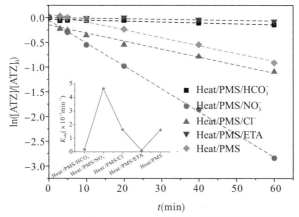

图 4-12　Heat/PMS 降解 ATZ 拟一级反应动力学拟合结果

注：实验条件为 $[ATZ]_0 = 2.5\ \mu mol/L$，$[PMS]_0 = 100\ \mu mol/L$，$T = 50℃$，pH = 7。

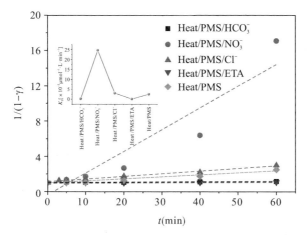

图 4-13　Heat/PMS 降解 ATZ 拟二级反应动力学拟合结果

注：实验条件为 $[ATZ]_0 = 2.5\ \mu mol/L$，$[PMS]_0 = 100\ \mu mol/L$，$T = 50℃$，pH = 7。

由图 4-12 可知，相同浓度的 ETA 较 HCO_3^- 对 Heat/PMS 降解 ATZ 的抑制作用略强，二者分别使 Heat/PMS 降解 ATZ 的拟一级反应速率常数降低为原来的 7.06% 与 11.56%；Cl^-、NO_3^- 的加入使 Heat/PMS 降解 ATZ 的最大速率在原有基础上分别提高了 62.94%、189.31%。

由图 4−12、图 4−13 和表 4−5 可知，ATZ 在 Heat/PMS/HCO$_3^-$、Heat/PMS/Cl$^-$、Heat/PMS/ETA 体系的降解过程中更符合拟二级反应动力学，其中 Heat/PMS/Cl$^-$ 体系中的线性关系良好。Heat/PMS、Heat/PMS/NO$_3^-$ 体系的拟一级反应动力学拟合的 R^2 值（线性相关性）大于拟二级反应动力学拟合的 R^2 值，表明 Heat/PMS 体系、Heat/PMS/NO$_3^-$ 体系反应动力学更符合拟一级反应动力学。

表 4−5　Heat/PMS 对 ATZ 的降解动力学参数

反应体系	反应速率常数		R^2	
	拟一级反应 /min^{-1}	拟二级反应/ $\mu mol^{-1} \cdot L \cdot min^{-1}$	拟一级反应	拟二级反应
Heat/PMS	−0.016	0.02493	0.98355	0.95428
Heat/PMS/HCO$_3^-$	−0.00185	0.00201	0.81390	0.82846
Heat/PMS/NO$_3^-$	−0.04629	0.24651	0.99885	0.86464
Heat/PMS/Cl$^-$	−0.01631	0.03042	0.95480	0.98542
Heat/PMS/ETA	−0.00113	0.00118	0.79373	0.79559

4.7　Heat/PMS 降解 ATZ 机理分析

为了探究 Heat/PMS 降解 ATZ 的机理，本书进行了 HO· 和 SO$_4^{·-}$ 的捕捉实验，推测出 Heat/PMS 降解 ATZ 的可能途径。由于 SO$_4^{·-}$ 的反应与 HO· 的反应有很大不同，SO$_4^{·-}$ 易发生电子转移反应，HO· 易发生强酸反应和加成反应。因此，本书利用这种差别，用 TBA 捕捉 HO·，用 ETA 同时捕捉 HO· 和 SO$_4^{·-}$。

4.7.1　活性自由基捕捉实验

活性自由基捕捉实验的初始条件如下：反应溶液的 pH 为

6、7、8，PMS 浓度为 100 μmol/L，温度为 50℃，ATZ 浓度为 2.5 μmol/L。采用单因素法来分析 Heat/PMS 降解 ATZ 的机理，结果如图 4−14~图 4−17 所示。

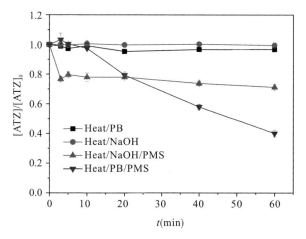

图 4−14　Heat/PMS 体系中各组分的氧化效果

注：实验条件为 $[ATZ]_0 = 2.5 \ \mu$mol/L，$[PMS]_0 = 100 \ \mu$mol/L，$T = 50℃$，pH=7。

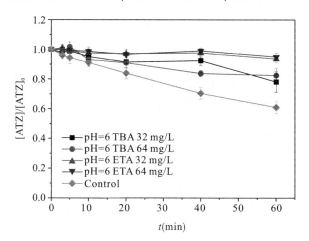

图 4−15　pH=6 时 TBA 与 ETA 对 Heat/PMS 降解 ATZ 的影响

注：实验条件为 $[ATZ]_0 = 2.5 \ \mu$mol/L，$[PMS]_0 = 100 \ \mu$mol/L，$T = 50℃$，pH=6。

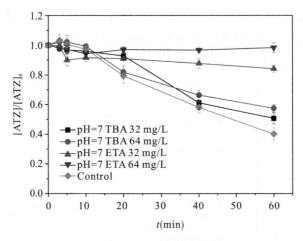

图 4-16　pH=7 时 TBA 与 ETA 对 Heat/PMS 降解 ATZ 的影响

注：实验条件为 $[ATZ]_0=2.5\ \mu mol/L$，$[PMS]_0=100\ \mu mol/L$，$T=50℃$，pH=7。

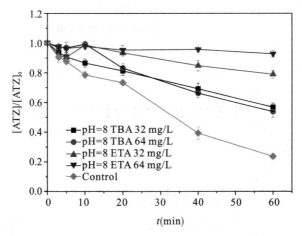

图 4-17　pH=8 时 TBA 与 ETA 对 Heat/PMS 降解 ATZ 的影响

注：实验条件为 $[ATZ]_0=2.5\ \mu mol/L$，$[PMS]_0=100\ \mu mol/L$，$T=50℃$，pH=8。

图 4-14 体现了 Heat/PMS 体系中各组分的氧化效果。由图可知，单独 PB 对 ATZ 的去除率仅有 3% 左右，降解效果非常微弱。ATZ 在 50℃ 水浴条件下不发生分解。用 NaOH 调节 pH 为

7，与 pH=7 的 PB 相比，Heat/PMS 降解 ATZ 的效果要差一些。这主要是因为，一方面，用 NaOH 调节 pH 为 7，反应后 pH 变为 4.5，与本书 pH 梯度降解效果论证相似，在此不再赘述；另一方面，PB 可激发 PMS 生成 HO· 和 $SO_4^{·-}$。采用 ETA 同时捕捉反应体系中 HO· 和 $SO_4^{·-}$，TBA 捕捉 HO· 的原因与 3.8.1 论述相同。

图 4-15～图 4-17 分别表示了 pH 为 6、7、8 时 PB 中 TBA 与 ETA 对 Heat/PMS 降解 ATZ 的影响。由图得知，加入 TBA 与 ETA 均可有效抑制 Heat/PMS 对 ATZ 的降解，且 ETA 的抑制作用强于 TBA，Heat/PMS 体系中同时存在 HO· 和 $SO_4^{·-}$。在 pH=6 的 PB 中，分别维持 64 mg/L 的 TBA 与 ETA 时，Heat/PMS 对 ATZ 的去除率由 38.94％ 分别降低为 17.44％ 和 5.04％，HO· 和 $SO_4^{·-}$ 氧化降解 ATZ 分别占 55.21％ 和 31.84％，二者比例接近 1.7：1；在 pH=7 的 PB 中，分别维持 64 mg/L 的 TBA 与 ETA 时，Heat/PMS 对 ATZ 的去除率由 59.86％ 分别降低为 42.50％ 和 1.66％，HO· 和 $SO_4^{·-}$ 氧化降解 ATZ 分别占 29.00％ 和 68.23％，二者比例接近 1：2.4；在 pH=8 的 PB 中，分别维持 64 mg/L 的 TBA 与 ETA，Heat/PMS 对 ATZ 的去除率由 76.37％ 分别降低为 46.23％ 和 7.32％，HO· 和 $SO_4^{·-}$ 氧化降解 ATZ 分别占 39.47％ 和 50.95％，二者比例接近 1：1.3。由上述分析可知，无论在哪种 pH 条件下，Heat/PMS 对 ATZ 的降解均以自由基氧化降解为主，但不同 pH 条件下的主导自由基的类型不同。

本书通过加入 NaOH 溶液将 PMS 体系的初始 pH 调节为 6、7、8，对比在 pH 分别为 6、7、8 的 PB 中，在 ATZ 浓度为 2.5 μmol/L、PMS 浓度为 100 μmol/L、反应温度为 20℃ 的条件下，单独 PMS 降解 ATZ 的效果，如图 4-18 所示。

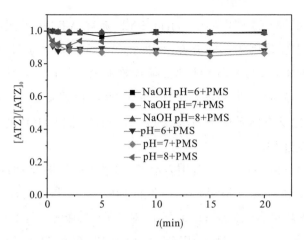

图 4-18　PB 对单独 PMS 降解 ATZ 的影响

注：实验条件为 $[ATZ]_0 = 2.5 \mu mol/L$，$[PMS]_0 = 100 \mu mol/L$，$T = 20℃$。

图 4-18 描述了 PB 对单独 PMS 降解 ATZ 的影响。由图可知，用 NaOH 调节反应体系初始 pH 为 6、7、8 时，单独 PMS 对 ATZ 没有降解效果。而在 pH 分别为 6、7、8 的 PB 中，PMS 对 ATZ 去除率分别为 11.72%、13.5%、7.87%。由此推测，PB 可以激发 PMS 生成 $SO_4^{\cdot-}$ 氧化降解 ATZ。由图 4-18 还可以观察到，在 pH = 7 的 PB 中，PMS 降解 ATZ 的效果优于 pH 为 6、8 的 PB 中 PMS 降解 ATZ 的效果。

4.7.2　Heat/PMS 降解 ATZ 的途径

通过 HPLC-ESI-MS 对 Heat/PMS 降解 ATZ 的产物进行分析并推测其降解途径。对实验过程中 5 min、20 min、60 min 三个样品进行萃取后，进行一级质谱扫描，并进行总离子和提取离子分析，ATZ 的主要降解产物质荷比（m/z）为 128、146、174、188、198、214、232 等。根据这些反应产物，推断 Heat/PMS 降解 ATZ 可能存在以下四种途径：

（1）途径 I。

ATZ 的相对分子质量为 216，HO· 进攻 ATZ 分子的 C—Cl 键，通过脱氯－羟基化作用，产生相较于 ATZ 的相对分子质量小 18 的 2－羟基－4－二乙氨基－6－异丙氨基 ATZ（2－hydroxy－diethylamino－6－isopropylamino atrazine，HDIA）（$m/z=$ 198）；进一步反应后，产生相较于 HDIA 的相对分子质量大 16 的 2－羟基－4－羟基乙氨基－6－异丙基 ATZ（2－hydroxy－hydroxyethylamino－6－isopropyl atrazine，HHIA）（$m/z=$ 214），推测可能是 HDIA 中的某个氢原子被羟基取代而生成的产物。

（2）途径 II。

ATZ 首先发生脱异丙基反应，产生相较于 ATZ 的相对分子质量小 42 的 2－氯－4－二乙氨基－6－氨基 ATZ（2－chloro－4－diethylamino－6－amino atrazine，CDAA）（$m/z=174$）；CDAA 通过去乙基化作用生成相较于 CDAA 的相对分子质量小 28 的 2－氯－4,6－二氨基 ATZ（2－chloro－4,6－diamino atrazine，CDA）（$m/z=146$）；CDA 进一步反应后，生成相较于 CDA 的相对分子质量小 18 的 2－羟基－4,6－二氨基 ATZ（2－hydroxy－4,6－diamino atrazine，HDA）（$m/z=128$），这与 HO· 进攻 HDA 分子的 C—Cl 键导致氯离子被羟基取代有关。

（3）途径 III。

比 ATZ 的相对分子质量小 28 为乙基的相对分子质量，故认为 $m/z=188$ 为 ATZ 的去乙基产物，即 2－氯－4－氨基－6－异丙氨基 ATZ（2－chloro－4－amino－6－isopropylamino atrazine，CAIA）（$m/z=188$）。比 CAIA 的相对分子质量小 42 为异丙基的相对分子质量，故认为 $m/z=146$ 为去乙基去异丙基 ATZ，即 CDA。比 CDA 的相对分子质量小 18 被认为是 CDA 的氯离子被羟基所取代的产物，即 2－羟基－4,6－二氨基 ATZ（2－

hydroxy-4,6-diamino atrazine，HDA）（$m/z=128$）。

（4）途径Ⅳ。

ATZ 中的某个氢原子被羟基取代，产生相较于 ATZ 的相对分子质量大 16 的 2-氯-4-羟基乙氨基-6-异丙基 ATZ（2-chloro-4-hydroxyethylamino-6-isopropyl atrazine，CHIA）（$m/z=232$）；CHIA 进一步发生脱水反应，生成 2-氯-4-乙烯基氨基-6-异丙基 ATZ（2-chloro-4-vinylamino-6-isopropyl atrazine，CVIA）（$m/z=214$）。

由上可知，Heat/PMS 降解 ATZ 主要依靠脱烷基化及脱氯-羟基化实现，Ji 与 Javed 等的研究结果与此类似。综合可得到 Heat/PMS 降解 ATZ 的可能路径如图 4-18 所示。

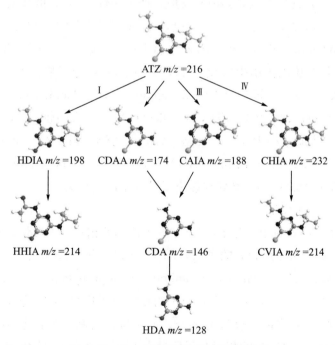

图 4-18　Heat/PMS 降解 ATZ 的可能路径

注：实验条件为 [ATZ]$_0$=2.5 μmol/L，[PMS]$_0$=100 μmol/L，T=50℃，pH=7。

4.8　本章小结

本章系统研究了 Heat/PMS 体系对 ATZ 的降解的影响因素（温度、PMS 浓度、pH、ATZ 浓度、水体中常见阴离子浓度）、动力学及机理。主要结论如下：

（1）当温度由 30℃ 升高至 60℃ 时，Heat/PMS 体系降解 ATZ 的拟一级反应速率常数 K_{obs} 提高了 7.05 倍，ATZ 半衰期缩短了 0.876；当 PMS 浓度由 50 μmol/L 升高至 400 μmol/L 时，K_{obs} 提高了 19.19 倍，ATZ 半衰期缩短了 0.95；当 pH 由 5 升高至 8 时，ATZ 去除率从 16.80% 升高至 76.37%，K_{obs} 提高了 11.77 倍，偏碱性条件的 PB 相比于偏酸性条件更能促进 Heat/PMS 降解 ATZ，而当 pH 继续升高至 9 时，ATZ 的去除率降至 19.86%，ATZ 的半衰期比 pH=8 时的延长了 200.2 min；当 ATZ 浓度由 1.25 μmol/L 升高至 5 μmol/L 时，ATZ 去除率有所下降，K_{obs} 降低了 0.79，ATZ 的半衰期延长了 68.9 min。当溶液 pH=7、温度为 50℃、PMS 浓度为 400 μmol/L、ATZ 浓度为 2.5 μmol/L、反应时间为 60 min 时，Heat/PMS 体系对 ATZ 的去除率可达 96.28%。

（2）相同浓度的 Cl^-、NO_3^- 对 Heat/PMS 降解 ATZ 表现为促进作用，且 NO_3^- 的促进作用更强，而 HCO_3^- 对 Heat/PMS 降解 ATZ 表现为抑制作用。当 Heat/PMS 体系维持 Cl^- 浓度为 1 mmol/L、NO_3^- 浓度为 2 mmol/L 时，其对 ATZ 的去除率从 59.86% 分别升高为 80.73%、94.15%。当 Cl^- 浓度为 0.1~2 mmol/L 时，其对降解 ATZ 的促进作用先升高后降低，当 Cl^- 浓度为 1 mmol/L 时，促进作用最强。Heat/PMS/HCO_3^-、Heat/PMS/Cl^- 体系对 ATZ 的降解过程更符合拟二级反应动力学，Heat/PMS、

US/PMS/NO$_3^-$ 体系对 ATZ 的降解过程则更符合拟一级反应动力学。

（3）Heat/PMS 体系中同时存在 HO$\cdot$ 和 SO$_4^{\cdot-}$，在任何 pH 条件下，Heat/PMS 对 ATZ 的降解均以自由基氧化降解为主，但在不同 pH 条件下，主导自由基的类型不同。在 pH=6 的 PB 中，分别维持 64 mg/L 的 TBA 与 ETA 时，HO$\cdot$ 和 SO$_4^{\cdot-}$ 氧化降解 ATZ 分别占 55.21％和 31.84％；在 pH=7 的 PB 中，HO$\cdot$ 和 SO$_4^{\cdot-}$ 氧化降解 ATZ 分别占 29.00％和 68.23％；在 pH=8 的 PB 中，HO$\cdot$ 和 SO$_4^{\cdot-}$ 氧化降解 ATZ 分别占 39.47％和 50.95％。在 pH=7 的 PB 中，PMS 氧化降解 ATZ 的效果优于在 pH=6、8 的 PB 中 PMS 氧化降解 ATZ 的效果。

（4）通过 HPLC－ESI－MS 对 Heat/PMS 降解 ATZ 的产物进行分析，结果发现 ATZ 的主要降解产物的质荷比（m/z）为 128、146、174、188、198、214、232，推测 Heat/PMS 体系对 ATZ 的降解可能存在四种途径，主要通过脱烷基化及脱氯－羟基化实现，同时可得到八种中间产物。

第5章 UV/PMS 降解 ATZ 动力学及机理研究

通过紫外光（UV）辐照，破坏化学键来活化 PMS 是一种良性且经济的方法。实践证明，紫外光辐照消毒饮用水，是一种高效且相对绿色的工艺。基于 UV 的高级氧化水处理技术已经被广泛运用于去除有机污染物的研究和实践中。UV/PMS 工艺既可以通过光解直接降解有机污染物，又可以通过硫酸盐和羟基自由基间接降解有机污染物。本章实验利用 UV 激活 PMS，对水环境中的 ATZ 进行降解，考察不同温度、PMS 浓度、pH、ATZ 浓度等对降解效果的影响、动力学及机理，研究结果可为采用紫外光活化 PMS 来高效、低成本地降解水环境中 ATZ 的应用提供技术与理论支撑。

5.1 温度对 UV/PMS 降解 ATZ 的影响

温度是影响有机污染物的去除率的重要因素。本节实验考察在反应溶液 pH $= 7$、ATZ 浓度为 $2.5\ \mu mol/L$、UV 强度为 $50\ mW/cm^2$、PMS 浓度为 $20\ \mu mol/L$ 的条件下，$10\,℃\sim25\,℃$ 范围内，温度对 UV/PMS 降解 ATZ 的影响，如图 5−1 所示。

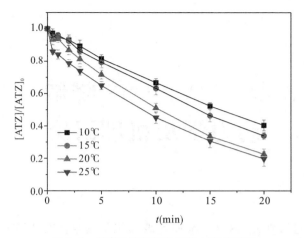

图 5-1　温度对 UV/PMS 降解 ATZ 的影响

　　注：实验条件为 $[ATZ]_0 = 2.5\ \mu mol/L$，　$[PMS]_0 = 20\ \mu mol/L$，　$[UV]_0 = 50\ mW/cm^2$，pH=7。

　　由图 5-1 可知，UV/PMS 降解 ATZ 的效果随着温度的升高而提高。当温度从 10℃升高至 25℃时，ATZ 的去除率从 59.56% 提高至 80.32%。温度从 15℃升高至 20℃时 ATZ 的去除率的提高效果比温度从 10℃升至 15℃和从 20℃升至 25℃时明显。这表明在常温状态下，温度对 UV/PMS 降解 ATZ 有明显的影响。从图中可以观察到，当温度为 10℃时，ATZ 的去除率能达到 59.56%。其原因是 PMS 本身的活化能较低，即使在室温条件下，PMS 也能不受温度的影响分解产生 $SO_4^{\cdot -}$ 和 $HO^{\cdot}$ 来降解有机物。10℃~25℃时，温度对 PMS 的催化作用较弱，因此 UV/PMS 体系中产生 $SO_4^{\cdot -}$ 和 $HO^{\cdot}$ 的速率及产量变化不大。

　　图 5-2 和表 5-1 分别表现了不同温度下的 ATZ 降解动力学曲线和动力学参数。由动力学模拟结果可以发现，不同温度下 UV/PMS 降解 ATZ 的过程均符合拟一级反应动力学。随着反应体系温度从 10℃升高至 25℃，拟一级反应速率常数 K_{obs} 从

0.04443 min^{-1} 提高至 0.07618 min^{-1}，反应速率提高了 71.5%。根据半衰期计算公式可知，当温度分别为 10℃、15℃、20℃、25℃时，ATZ 的半衰期逐渐缩短，分别为 15.6 min、13.2 min、10.5 min、9.1 min。这主要是由于温度对 UV/PMS 降解 ATZ 的效果有显著影响，随着温度的升高，反应体系中单位时间内自由基浓度增大，从而加速了 ATZ 的降解。

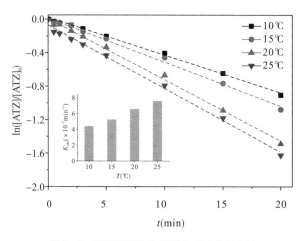

图 5-2　不同温度下的 ATZ 降解动力学曲线

注：实验条件为 [ATZ]$_0$ = 2.5 μmol/L，[PMS]$_0$ = 20 μmol/L，[UV]$_0$ = 50 mW/cm^2，pH=7。

表 5-1　不同温度下 UV/PMS 对 ATZ 的降解动力学参数

温度/℃	动力学方程	$t_{1/2}$ /min	K_{obs} /min^{-1}	R^2
10	ln([ATZ]/[ATZ]$_0$)=-0.04443t-0.00932	15.6	0.04443	0.99639
15	ln([ATZ]/[ATZ]$_0$)=-0.05268t-0.01350	13.2	0.05268	0.99320
20	ln([ATZ]/[ATZ]$_0$)=-0.06614t-0.00830	10.5	0.06614	0.99675
25	ln([ATZ]/[ATZ]$_0$)=-0.07618t-0.06614	9.1	0.07618	0.99441

5.2 PMS 浓度对 UV/PMS 降解 ATZ 的影响

氧化剂是产生活性自由基必不可少的因素，氧化剂的浓度会影响 ATZ 的去除率。在 UV/PMS 系统中，保持反应体系 pH＝7、ATZ 浓度为 2.5 μmol/L、UV 强度为 50 mW/cm^2、温度为 20℃，使用氧化剂（PMS）浓度分别为 10 μmol/L、20 μmol/L、30 μmol/L、40 μmol/L、50 μmol/L，观察不同浓度的氧化剂（PMS）对降解 ATZ 的影响。反应时间共 20 min，分别在 0.5 min、1 min、2 min、3 min、5 min、10 min、15 min、20 min 时取样，对比 ATZ 的降解效果，如图 5－3 所示。

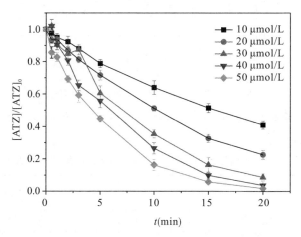

图 5－3　PMS 浓度对 UV/PMS 降解 ATZ 的影响

注：实验条件为 [ATZ]$_0$＝2.5 μmol/L，[UV]$_0$＝50 mW/cm^2，T＝20℃，pH＝7。

图 5－3 表明，随着反应体系中 PMS 浓度的升高，UV/PMS 降解 ATZ 的效果逐渐增强。从图中明显观察到，当 PMS 浓度分别为 10 μmol/L、20 μmol/L、30 μmol/L、40 μmol/L、50 μmol/L

时，ATZ 的去除率分别为 59.04％、77.43％、91.33％、98.24％。当 PMS 浓度从 10 μmol/L 升高至 30 μmol/L 时，ATZ 的降解效果比 PMS 浓度从 30 μmol/L 升高至 50 μmol/L 时显著，原因是 PMS 浓度不断提高，被激活的强氧化性自由基在反应体系中也随之增多，从而加快了 ATZ 的降解速率。

前述研究中表明，$SO_4^{\cdot-}$ 和 $HO^{\cdot}$ 与 ATZ 的拟二级反应速率能达到 10^9 $mol^{-1} \cdot L \cdot s^{-1}$。当反应体系中的 PMS 浓度提高时，能稳定反应体系中 $SO_4^{\cdot-}$ 和 $HO^{\cdot}$ 的浓度，从而更好地降解 ATZ。因为 PMS 与 $SO_4^{\cdot-}$ 的拟二级反应速率常数为 1.0×10^5 $mol^{-1} \cdot L \cdot s^{-1}$，PMS 与 $HO^{\cdot}$ 的拟二级反应速率常数为 1.0×10^7 $mol^{-1} \cdot L \cdot s^{-1}$，所以 ATZ 降解效果增加的幅度反而会随着 PMS 浓度的增加而降低。田东凡等在研究 UV/PMS 降解水中罗丹明 B 的实验中发现，随着 PMS 浓度的增加，溶液中过多的 $SO_4^{\cdot-}$ 在与罗丹明 B 反应之前，先与 HSO_5^- 发生反应或相互之间发生淬灭反应，从而消耗了高活性自由基 $SO_4^{\cdot-}$，导致 ATZ 降解速率变缓或反应终止，见式（5.1）和式（5.2）。在本节实验中，当 PMS 浓度为 $10 \sim 50$ μmol/L 时，并没有出现上述现象，这可能是由于本书中 PMS 捕获 $SO_4^{\cdot-}$ 和 $HO^{\cdot}$ 的拟二级反应速率常数低于之前得到的 ATZ 与 $SO_4^{\cdot-}$ 和 $HO^{\cdot}$ 的拟二级反应速率常数。本节实验中 PMS 浓度为 $10 \sim 50$ μmol/L，对 $SO_4^{\cdot-}$ 和 $HO^{\cdot}$ 捕获的贡献较低，使其抑制作用不明显。因此，随着 PMS 浓度提高，其增大 $SO_4^{\cdot-}$ 和 $HO^{\cdot}$ 的稳态浓度的作用远大于其捕捉 $SO_4^{\cdot-}$ 和 $HO^{\cdot}$ 的作用，从而促使 ATZ 的去除率提高。因此，PMS 浓度要控制在合理范围内，才能有利于反应的顺利进行和控制实际成本。

$$SO_4^{\cdot-} + HSO_5^- \longrightarrow SO_5^{\cdot-} + HSO_4^- \tag{5.1}$$

$$SO_4^{\cdot-} + SO_4^{\cdot-} \longrightarrow S_2O_8^{2-} \tag{5.2}$$

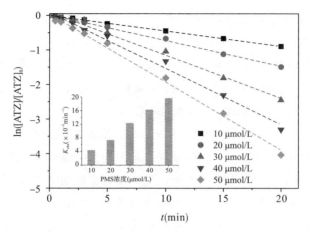

图 5-4　不同 PMS 浓度下的 ATZ 降解动力学曲线

注：实验条件为 $[ATZ]_0 = 2.5\ \mu mol/L$，$[UV]_0 = 50\ mW/cm^2$，$T = 20℃$，$pH = 7$。

表 5-2　不同 PMS 浓度下 UV/PMS 对 ATZ 的降解动力学参数

PMS 浓度 /($\mu mol/L$)	动力学方程	$t_{1/2}$ /min	K_{obs} /min^{-1}	R^2
10	$\ln([ATZ]/[ATZ]_0) = -0.04453t - 0.00110$	15.6	0.04453	0.99941
20	$\ln([ATZ]/[ATZ]_0) = -0.07383t - 0.00898$	9.4	0.07383	0.99652
30	$\ln([ATZ]/[ATZ]_0) = -0.12450t - 0.09567$	5.6	0.12450	0.99065
40	$\ln([ATZ]/[ATZ]_0) = -0.16328t - 0.10954$	4.2	0.16328	0.99044
50	$\ln([ATZ]/[ATZ]_0) = -0.19690t - 0.04485$	3.5	0.19690	0.99478

由图 5-4 和表 5-2 分析可知，当 PMS 浓度为 10~50 $\mu mol/L$ 时，UV/PMS 降解 ATZ 的过程均符合拟一级反应动力学。当反应体系 PMS 浓度分别为 10 $\mu mol/L$、20 $\mu mol/L$、30 $\mu mol/L$、40 $\mu mol/L$、50 $\mu mol/L$ 时，ATZ 的半衰期分别为 15.6 min、9.4 min、5.6 min、4.2 min、3.5 min。在不同的 PMS 浓度下，该降解过程的拟一级反应速率常数分别为 0.04453 min^{-1}、0.07383 min^{-1}、0.12450 min^{-1}、0.16328 min^{-1}、0.19690 min^{-1}，当 PMS 浓度为 50 $\mu mol/L$ 时的拟一级反应速率常数比 PMS 浓度为

10 μmol/L 时提高了 3.42 倍。这主要是因为在其他条件不变的情况下，PMS 浓度越高，单位时间内受紫外光激发产生的自由基浓度越大，从而使 ATZ 的去除率更高。由 K_{obs} 的数据可知，PMS 浓度降解 ATZ 的拟一级反应速率常数呈现良好的线性关系。这与 Zhang 等在研究 UV/H$_2$O$_2$ 工艺降解 17α－乙炔基雌二醇过程中的现象类似，该研究发现，随着氧化剂（H$_2$O$_2$）浓度的升高，目标物的降解速率增大，且降解速率常数和氧化剂浓度呈线性关系。

5.3 pH 对 UV/PMS 降解 ATZ 的影响

不同的 pH 会影响反应体系中活性自由基的种类和活性，从而影响对 ATZ 的降解效果。本节实验在 ATZ 浓度为 2.5 μmol/L、UV 强度为 50 mW/cm^2、PMS 浓度为 20 μmol/L、温度为 20℃ 的条件下，分析不同 pH（pH＝5～9）的 PB 中，UV/PMS 降解 ATZ 的效果，如图 5－5 所示。

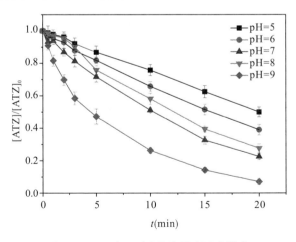

图 5－5 pH 对 UV/PMS 降解 ATZ 的影响

注：实验条件为［ATZ］$_0$＝2.5 μmol/L，［UV］$_0$＝50 mW/cm^2，［PMS］$_0$＝20 μmol/L，T＝20℃。

图 5-5 表现了 pH 为 5～9 时 ATZ 的去除率的变化。由图可知，随着反应体系 pH 的升高，UV/PMS 降解 ATZ 的效果逐渐加强。当反应体系的 pH 分别为 5、6、7、8、9 时，ATZ 的去除率分别为 49.98%、60.98%、77.40%、72.35%、92.87%。值得注意的是，当反应体系的 pH 从 7 升高至 8 时，ATZ 的去除率从 77.40% 降低至 72.35%，这主要是由于 UV 可以激发 PMS 生成 $SO_4^{\cdot-}$ 和 $HO^{\cdot}$ ［反应式见式（5.3）］。$HO^{\cdot}$ 与 ATZ 的拟二级反应速率常数为 $3 \times 10^9 \ mol^{-1} \cdot L \cdot s^{-1}$，$SO_4^{\cdot-}$ 与 ATZ 的拟二级反应速率常数为 $2.59 \times 10^9 \ mol^{-1} \cdot L \cdot s^{-1}$，$SO_4^{\cdot-}$ 与水的拟二级反应速率常数为 $8.30 \ mol^{-1} \cdot L \cdot s^{-1}$ ［反应式见式（3.5）］；而在碱性条件下，$SO_4^{\cdot-}$ 与 OH^- 反应生成 $HO^{\cdot}$，其拟二级反应速率常数为 $6.50 \times 10^7 \ mol^{-1} \cdot L \cdot s^{-1}$ ［反应式见式（3.6）］。通常，任何 pH 条件都不影响 UV/PMS 中 $SO_4^{\cdot-}$ 的产率。因此，在碱性条件下，UV/PMS 体系单位时间内会产生更多的 $HO^{\cdot}$，导致偏碱性体系中 ATZ 的去除率比偏酸性的高。

当 pH＝8 时，ATZ 的去除率略低于 pH＝7 时 ATZ 的去除率，这主要是由缓冲液中磷酸盐存在形态的不同引起的，$H_2PO_4^-$ 在水溶液中会发生电离［反应式见式（5.4）］，电离常数 $K = 6.31 \times 10^{-8}$，由此可推导出式（5.5）。由式（5.5）可知，随着溶液 pH 的增大，溶液中 HPO_4^{2-} 逐渐增多、$H_2PO_4^-$ 逐渐减少。HPO_4^{2-}、$H_2PO_4^-$ 与 $SO_4^{\cdot-}$、$HO^{\cdot}$ 的拟二级反应速率常数分别为 $1.20 \times 10^6 \ mol^{-1} \cdot L \cdot s^{-1}$、$1.50 \times 10^5 \ mol^{-1} \cdot L \cdot s^{-1}$ 和 $7.20 \times 10^4 \ mol^{-1} \cdot L \cdot s^{-1}$、$2.00 \times 10^4 \ mol^{-1} \cdot L \cdot s^{-1}$。因此，当溶液 pH 升高时，$HPO_4^{2-}$ 逐渐增多，其会与 ATZ 竞争 $SO_4^{\cdot-}$ 和 $HO^{\cdot}$，从而导致 ATZ 的去除率降低。

$$HSO_5^- \xrightarrow{UV} SO_4^{\cdot-} + HO^{\cdot} \tag{5.3}$$

$$H_2PO_4^- \rightleftharpoons H^+ + HPO_4^{2-} \tag{5.4}$$

$$pH=7.20+\log([HPO_4^{2-}]/[H_2PO_4^-]) \tag{5.5}$$

pH＝9 时 ATZ 的去除率显著高于 pH＝7、8 时 ATZ 的去除率，这主要是因为当 pH＝9 时，$SO_4^{\cdot-}$ 极易与 OH^- 反应生成 $HO\cdot$，使 UV/PMS 体系短时间内含有大量 $HO\cdot$，从而加速了 ATZ 的降解。这与 Lin 等采用波长为 254 nm 的紫外光活化过硫酸盐降解苯酚的实验结果类似，该实验考察了不同 pH 对苯酚的降解效果的影响，结果表明，碱性条件更有利于苯酚的降解。

由图 5-6 可知，溶液的 pH 对 UV/PMS 体系降解 ATZ 的影响较大。表 5-3 列出了不同 pH 下 UV/PMS 对 ATZ 的降解动力学参数，由表中数据可知，在不同 pH 条件下，UV/PMS 降解 ATZ 的过程均符合拟一级反应动力学。当反应体系的 pH 从 5 升高至 9 时，拟一级反应速率常数升高了 6.79 倍，ATZ 的半衰期从 32.0 min 缩短至 4.1 min。当反应体系的 pH＝9 时，拟一级反应速率常数提高为 0.16858 min^{-1}，ATZ 的半衰期显著缩短至原来的 12.81％，表明，pH＝9 时 ATZ 的去除率显著高于 pH＝7、8 时 ATZ 的去除率，这主要是由于当 pH＝9 时，$SO_4^{\cdot-}$ 极易与 OH^- 反应生成 $HO\cdot$，使得 UV/PMS 体系在短时间内含有大量 $HO\cdot$，从而加速了 ATZ 的降解。

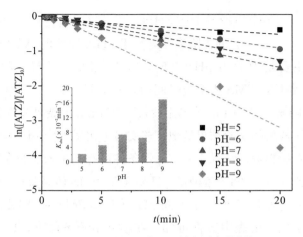

图 5-6　不同 pH 下的 ATZ 降解动力学曲线

注：实验条件为 $[ATZ]_0 = 2.5\ \mu mol/L$，$[UV]_0 = 50\ mW/cm^2$，$[PMS]_0 = 20\ \mu mol/L$，$T = 20℃$。

表 5-3　不同 pH 下 UV/PMS 对 ATZ 的降解动力学参数

pH	动力学方程	$t_{1/2}/\min$	K_{obs} /$\min^{-1}$	R^2
5	$\ln([ATZ]/[ATZ]_0) = -0.02165t - 0.08616$	32.0	0.02165	0.71541
6	$\ln([ATZ]/[ATZ]_0) = -0.04590t - 0.00930$	15.1	0.04590	0.99544
7	$\ln([ATZ]/[ATZ]_0) = -0.07383t - 0.00898$	9.4	0.07383	0.99652
8	$\ln([ATZ]/[ATZ]_0) = -0.06504t - 0.04980$	10.7	0.06504	0.99251
9	$\ln([ATZ]/[ATZ]_0) = -0.16858t - 0.17988$	4.1	0.16858	0.91056

5.4　UV 强度对 UV/PMS 降解 ATZ 的影响

UV 强度是影响 UV/PMS 降解 ATZ 的一个重要因素。在反应溶液 pH=7、反应温度为 20℃、ATZ 和 PMS 的浓度分别为 2.5 μmol/L 和 20 μmol/L、反应时间为 20 min 的条件下，考察 UV 强度分别为 30 W/cm²、50 W/cm²、100 W/cm² 时 UV/PMS

降解 ATZ 的效果，结果如图 5-7 所示。

由图 5-7 可知，随着反应体系中 UV 强度的升高，UV/PMS 降解 ATZ 的效果迅速增强。当 UV 强度从 30 mW/cm^2 升高至 100 mW/cm^2 时，ATZ 的去除率从 9.51％ 升高至 84.89％。当 UV 强度从 30 mW/cm^2 升高至 50 mW/cm^2 时，ATZ 的去除率相比 UV 强度从 50 mW/cm^2 升高至 100 mW/cm^2 时显著提高，表明 UV 强度对 UV/PMS 降解 ATZ 有显著影响。

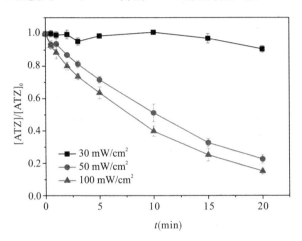

图 5-7　UV 强度对 UV/PMS 降解 ATZ 的影响

注：实验条件为 $[ATZ]_0 = 2.5\ \mu mol/L$，$[PMS]_0 = 20\ \mu mol/L$，$T = 20℃$，pH$=7$。

图 5-8 描述了不同 UV 强度下的 ATZ 降解动力学曲线。表 5-4 列出了不同 UV 强度下 UV/PMS 对 ATZ 的降解动力学参数。由图 5-8 和表 5-4 可知，随着 UV 强度的提高，ATZ 的降解速率逐渐加快。由半衰期的计算公式可得，当 UV 强度分别为 30 mW/cm^2、50 mW/cm^2、100 mW/cm^2 时，ATZ 的半衰期分别为 206.9 min、9.4 min、7.5 min，拟一级反应速率常数 K_{obs} 分别为 0.00335 min^{-1}、0.07383 min^{-1}、0.09222 min^{-1}。

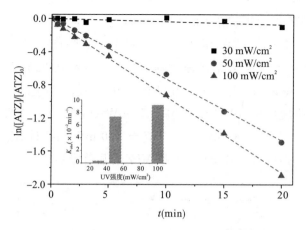

图 5-8　不同 UV 强度下的 ATZ 降解动力学曲线

注：实验条件为 $[ATZ]_0 = 2.5\ \mu mol/L$，$[PMS]_0 = 20\ \mu mol/L$，$T = 20℃$，$pH = 7$。

表 5-4　不同 UV 强度下 UV/PMS 对 ATZ 的降解动力学参数

UV 强度/ (mW/cm²)	动力学方程	$t_{1/2}$ /min	K_{obs} /min⁻¹	R^2
30	$\ln([ATZ]/[ATZ]_0) = -0.00335t - 0.00010$	206.9	0.00335	0.41372
50	$\ln([ATZ]/[ATZ]_0) = -0.07383t - 0.00898$	9.4	0.07383	0.99652
100	$\ln([ATZ]/[ATZ]_0) = -0.09222t - 0.01770$	7.5	0.09222	0.99886

5.5　ATZ 浓度对 UV/PMS 降解 ATZ 的影响

在反应溶液 pH=7、UV 强度为 50 mW/cm²、温度为 20℃、PMS 浓度为 20 $\mu mol/L$ 的条件下，考察不同 ATZ 浓度（0.31～5 $\mu mol/L$）对 UV/PMS 降解 ATZ 的影响，如图 5-9 所示。

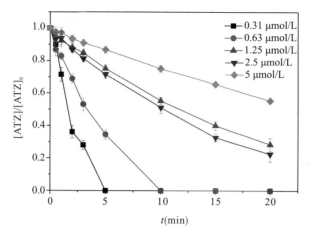

图 5-9　ATZ 浓度对 UV/PMS 降解 ATZ 的影响

注：实验条件为 $[PMS]_0 = 20\ \mu mol/L$，$[UV]_0 = 50\ mW/cm^2$，$T = 20℃$，$pH = 7$。

由图 5-9 可知，随着反应体系中 ATZ 浓度的降低，UV/PMS 降解 ATZ 的效果逐渐加强，反应速率和 ATZ 的去除率都随着反应体系中 ATZ 浓度的降低而显著提高。当 ATZ 浓度由 5 $\mu mol/L$ 降低至 2.5 $\mu mol/L$ 时，ATZ 的去除率从 44.64% 提高至 77.40%。当 ATZ 浓度从 5 $\mu mol/L$ 降低至 0.31 $\mu mol/L$ 时，ATZ 的去除率从 44.64% 提高至 100%。但当 ATZ 浓度从 2.5 $\mu mol/L$ 降低至 1.25 $\mu mol/L$ 时，ATZ 的去除率出现了小幅降低，从 77.40% 降低至 71.55%，这主要是由以下两个原因引起的：一是在其他条件不变的情况下，随着反应体系中 ATZ 浓度的降低，单个 ATZ 分子在单位时间内与 $SO_4^{\cdot -}$ 和 $HO^{\cdot}$ 的碰撞次数减少，导致 ATZ 对反应体系中 $SO_4^{\cdot -}$ 和 $HO^{\cdot}$ 的捕捉能力降低；二是 HSO_5^- 与 $SO_4^{\cdot -}$ 和 $HO^{\cdot}$ 的拟二级反应速率常数为 $1.0 \times 10^6\ mol^{-1} \cdot L \cdot s^{-1}$ 和 $1.0 \times 10^7\ mol^{-1} \cdot L \cdot s^{-1}$，导致部分 $SO_4^{\cdot -}$ 和 $HO^{\cdot}$ 被 HSO_5^- 捕捉。刘洪君的研究表明，UV/PMS 降解 2,4-二溴苯酚（2,4-DBP）时，当 PMS 与 2,4-DBP 的浓度比大于 15 时，随着 2,4-DBP 浓度持续降低，UV/PMS 对

2,4-DBP的去除率会被抑制，与本实验现象类似。ATZ浓度的继续降低（0.31 μmol/L、0.63 μmol/L），会使$SO_4^{\cdot-}$和$HO^{\cdot}$被HSO_5^-捕捉。总体而言，UV/PMS体系中$SO_4^{\cdot-}$和$HO^{\cdot}$的浓度相对于ATZ浓度较高，因而能使ATZ的去除率达到100％。

综上可知，当UV强度、温度、PMS浓度固定不变时，UV/PMS体系的氧化能力类似。但是，在目标物ATZ的浓度逐渐降低的过程中，反应体系中的$SO_4^{\cdot-}$和$HO^{\cdot}$多于有机污染物的数量，体系能够捕捉及抑制$SO_4^{\cdot-}$和$HO^{\cdot}$的能力降低，然而，反应体系中$SO_4^{\cdot-}$和$HO^{\cdot}$的生成速率不变，因此导致UV/PMS体系中自由基的稳态浓度增大。UV/PMS体系对ATZ的去除率随ATZ浓度的降低而升高。

图5-10描述了不同ATZ浓度下的ATZ降解动力学曲线。表5-5列出了在不同ATZ浓度下UV/PMS对ATZ的降解动力学参数。图5-10采用拟一级反应动力学进行拟合，结果显示，在不同的ATZ浓度范围内，UV/PMS体系降解ATZ的过程均符合拟一级反应动力学。当ATZ浓度逐渐升高时，K_{obs}随之降低。表5-5中列出了ATZ浓度从0.31 μmol/L升高至5 μmol/L时，K_{obs}从0.46229 min^{-1}降低至0.02894 min^{-1}，ATZ的半衰期从1.5 min延长至24.0 min。原因可能是在紫外光辐射量恒定的条件下，随着ATZ浓度的升高，ATZ在单位时间、单位体积内获得的紫外光辐射量相应减少，ATZ的去除率也随之降低；另一个原因可能是当紫外光辐射和氧化剂浓度固定不变时，反应体系中产生的活性自由基的数量是相同的。随着ATZ浓度升高，目标物ATZ在单位时间、单位体积内被自由基进攻的频率会降低，从而降低了目标物ATZ的降解速率。

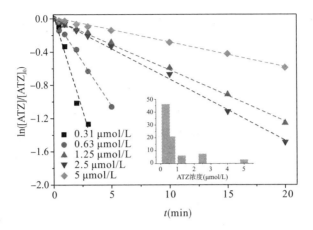

图 5-10　不同 ATZ 浓度下的 ATZ 降解动力学曲线

注：实验条件为 $[PMS]_0 = 20 \ \mu mol/L$，　$[UV]_0 = 50 \ mW/cm^2$，$T = 20℃$，pH=7。

表 5-5　不同 ATZ 浓度下 UV/PMS 对 ATZ 的降解动力学参数

ATZ 浓度/ $(\mu mol/L)$	动力学方程	$t_{1/2}$ /min	K_{obs} /min^{-1}	R^2
0.31	$\ln([ATZ]/[ATZ]_0) = -0.46229t + 0.05661$	1.5	0.46229	0.95949
0.63	$\ln([ATZ]/[ATZ]_0) = -0.20990t + 0.00349$	3.3	0.2099	0.99289
1.25	$\ln([ATZ]/[ATZ]_0) = -0.06207t + 0.00743$	11.2	0.06207	0.99804
2.5	$\ln([ATZ]/[ATZ]_0) = -0.07454t + 0.01906$	9.3	0.07454	0.99732
5	$\ln([ATZ]/[ATZ]_0) = -0.02894t - 0.00137$	24.0	0.02894	0.99839

5.6　水体中常见阴离子浓度对 UV/PMS 降解 ATZ 的影响

　　水体中存在的大量阴离子可能会对高级氧化过程产生影响，研究阴离子的影响具有重要的意义。Cl^-、HCO_3^-、NO_3^- 是水体中三种常见阴离子。本节实验通过将不同浓度的 Cl^-、HCO_3^-、NO_3^- 投入 UV/PMS 体系中，考察其对降解 ATZ 的影响。

在反应溶液 pH=7、UV 强度为 50 mW/cm^2、PMS 浓度为 20 μmol/L、温度为 20℃、ATZ 浓度为 2.5 μmol/L 的条件下，考察 Cl^-、HCO_3^-、NO_3^- 三种阴离子对 UV/PMS 降解 ATZ 的影响。在 UV/PMS 体系中分别投入 0 mmol/L、0.1 mmol/L、0.5 mmol/L、1 mmol/L、2 mmol/L 的 Cl^-、HCO_3^-、NO_3^-，分别在 0 min、0.5 min、1 min、2 min、3 min、5 min、10 min、15 min、20 min 时取样 4 mL，并立即加入亚硝酸钠终止反应，得到的结果如图 5-11~图 5-13 所示。

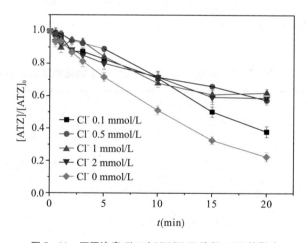

图 5-11　不同浓度 Cl^- 对 UV/PMS 降解 ATZ 的影响

注：实验条件为 $[ATZ]_0 = 2.5\ \mu$mol/L，$[PMS]_0 = 20\ \mu$mol/L，$[UV]_0 = 50$ mW/cm^2，$T = 20$℃，pH=7。

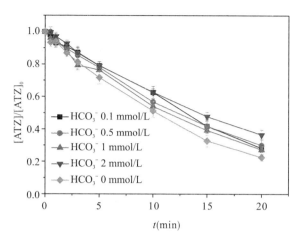

图 5-12　不同浓度 HCO_3^- 对 UV/PMS 降解 ATZ 的影响

注：实验条件为 $[ATZ]_0 = 2.5\ \mu mol/L$，$[PMS]_0 = 20\ \mu mol/L$，$[UV]_0 = 50\ mW/cm^2$，$T = 20℃$，$pH = 7$。

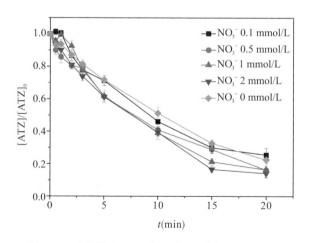

图 5-13　不同浓度 NO_3^- 对 UV/PMS 降解 ATZ 的影响

注：实验条件为 $[ATZ]_0 = 2.5\ \mu mol/L$，$[PMS]_0 = 20\ \mu mol/L$，$[UV]_0 = 50\ mW/cm^2$，$T = 20℃$，$pH = 7$。

Cl^- 几乎存在于所有的水体中，包括天然淡水水源、生活污水、工业废水、河水、湖水、海水。因此，研究水体中 Cl^- 对高级氧化过程的影响是很有必要的。图 5−11 表现了不同浓度 Cl^- 对 UV/PMS 降解 ATZ 的影响，随着 Cl^- 浓度不断增大，ATZ 的去除率不断降低。当 Cl^- 的浓度从 0 mmol/L 分别升高至 0.1 mmol/L、0.5 mmol/L、1 mmol/L、2 mmol/L 时，ATZ 的去除率从 77.43% 分别降低至 62.00%、42.53%、37.98%、41.15%。

在碱性水溶液中大量存在着 HCO_3^-，研究水体中 HCO_3^- 对高级氧化过程的影响也很有意义。在反应溶液 pH=7、ATZ 浓度为 2.5 μmol/L、PMS 浓度为 20 μmol/L、UV 强度为 50 mW/cm²、温度为 20℃ 的条件下，分别向 UV/PMS 体系中加入 0.1 mmol/L、0.5 mmol/L、1 mmol/L、2 mmol/L 的 HCO_3^-，则 ATZ 的去除率从 77.43% 分别降低至 71.80%、70.07%、72.74%、63.58%，结果如图 5−12 所示。

由图 5−11 与 5−12 可知，相同浓度的 Cl^-、HCO_3^- 对 UV/PMS 降解 ATZ 均表现为抑制作用。这主要是由于 Cl^-、HCO_3^- 在 UV/PMS 体系中会与 ATZ 竞争 $HO^\cdot$ 和 $SO_4^{\cdot -}$，并生成 $Cl^\cdot$、$Cl_2^{\cdot -}$、$ClOH^{\cdot -}$ 和 $CO_3^{\cdot -}$，而 $Cl^\cdot$、$Cl_2^{\cdot -}$、$ClOH^{\cdot -}$ 和 $CO_3^{\cdot -}$ 与 ATZ 的反应速率低于 $HO^\cdot$、$SO_4^{\cdot -}$。另外，Cl^- 的抑制作用强于 HCO_3^-，具体表现为分别加入 2 mmol/L 的 Cl^- 和 HCO_3^- 后，UV/PMS 体系对 ATZ 的去除率从 77.43% 分别降低为 41.15% 和 63.58%，这主要是由于 $Cl_2^{\cdot -}$ 与 ATZ 的拟二级反应速率常数低于 $CO_3^{\cdot -}$ 与 ATZ 的拟二级反应速率常数［主要反应式见式(3.10) ~ 式 (3.17)］。

水体中常见的阴离子还有 NO_3^-，其对高级氧化过程也有重要影响。在反应溶液 pH=7、ATZ 浓度为 2.5 μmol/L、PMS 浓度为 20 μmol/L、UV 强度为 50 mW/cm²、温度为 20℃ 的条件下，分别向 UV/PMS 体系中加入 0 mmol/L、0.1 mmol/L、0.5 mmol/L、1 mmol/L、2 mmol/L 的 NO_3^-，得出其对 UV/PMS 降解 ATZ 的影响如图 5−13 所示。NO_3^- 对 UV/PMS

体系降解 ATZ 表现为促进作用，随着 NO_3^- 浓度的升高，ATZ 的去除率从 77.43％分别升至 74.49％、83.76％、83.53％、85.81％。这主要是由于 UV 可激发 NO_3^- 产生 $HO^·$、NO_2^-、NO_2 等物质，从而增大了单位时间内 UV/PMS 体系中 $HO^·$ 的稳态浓度，导致 UV/PMS 对 ATZ 的降解速率加快。

5.7　UV/PMS 降解 ATZ 动力学分析

　　动力学分析的初始条件为：pH＝7，UV 强度为 50 mW/cm²，PMS 浓度为 20 μmol/L，温度为 20℃，ATZ 浓度为 2.5 μmol/L，Cl^-、HCO_3^-、NO_3^-、ETA 的浓度均为 1 mmol/L，对 UV/PMS 降解 ATZ 进行拟一级和拟二级反应动力学拟合，结果如图 5－14、图 5－15 所示，US/PMS 对 ATZ 的降解动力学参数见表 5－7。（本节所用动力学模型见 3.1、3.7）

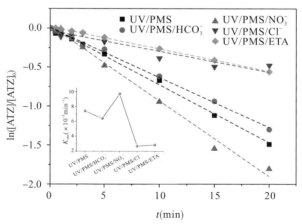

图 5－14　UV/PMS 降解 ATZ 拟一级反应动力学拟合结果

注：实验条件为 $[ATZ]_0=2.5$ μmol/L，$[PMS]_0=20$ μmol/L，$[UV]_0=50$ mW/cm²，$[Cl^-]_0=1$ mmol/L，$[HCO_3^-]_0=1$ mmol/L，$[NO_3^-]_0=1$ mmol/L，$[ETA]_0=1$ mmol/L，$T=20$℃，pH＝7。

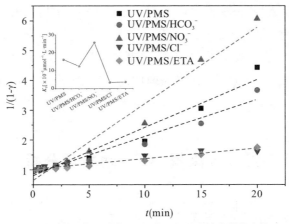

图 5-15　UV/PMS 降解 ATZ 拟二级反应动力学拟合结果

注：实验条件为 $[ATZ]_0 = 2.5\ \mu mol/L$，$[PMS]_0 = 20\ \mu mol/L$，$[UV]_0 = 50\ mW/cm^2$，$[Cl^-]_0 = 1\ mmol/L$，$[HCO_3^-]_0 = 1\ mmol/L$，$[NO_3^-]_0 = 1\ mmol/L$，$[ETA]_0 = 1\ mmol/L$，$T = 20℃$，pH=7。

表 5-6　UV/PMS 对 ATZ 的降解动力学参数

反应体系	反应速率常数		R^2	
	拟一级反应 /min^{-1}	拟二级反应/ $\mu mol^{-1} \cdot L \cdot min^{-1}$	拟一级反应	拟二级反应
UV/PMS	−0.07383	0.16097	0.99652	0.94529
UV/PMS/HCO_3^-	−0.06391	0.12451	0.99611	0.95446
UV/PMS/NO_3^-	−0.09687	0.25677	0.98854	0.96390
UV/PMS/Cl^-	−0.02679	0.03501	0.90457	0.91618
UV/PMS/ETA	−0.02845	0.03716	0.99840	0.98942

由图 5-14、图 5-15 和表 5-6 可知，UV/PMS、UV/PMS/HCO_3^-、UV/PMS/NO_3^-、US/PMS/ETA 体系降解 ATZ 的过程更符合拟一级反应动力学，且线性相关性较好。此外，ATZ 在 UV/PMS/Cl^- 体系中的降解过程更符合拟一级反应动力学。相同浓度的 ETA 与 Cl^- 对 UV/PMS 降解 ATZ 的抑制作用相当，二者分别使 UV/PMS 降解 ATZ 的速率降低为原来

的 38.54% 与 36.29%。NO_3^- 的加入使 UV/PMS 对 ATZ 的降解速率在原有基础上提高了 31.21%。

5.8 UV/PMS 降解 ATZ 机理分析

5.8.1 活性自由基捕捉实验

本节活性自由基捕捉实验条件为：反应溶液 pH＝7，UV 强度为 50 mW/cm²，PMS 浓度为 20 μmol/L，ATZ 浓度为 2.5 μmol/L，温度为 20℃。采用单因素法来分析 UV/PMS 降解 ATZ 的机理，结果如图 5−16～图 5−19 所示。

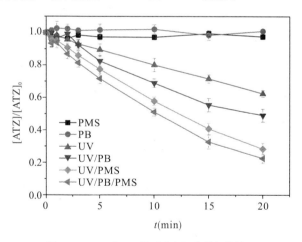

图 5−16 UV/PMS 体系中各组分的氧化效果

注：实验条件为 $[ATZ]_0$ = 2.5 μmol/L， $[PMS]_0$ = 20 μmol/L， $[UV]$ = 50 mW/cm²，T=20℃，pH=7。

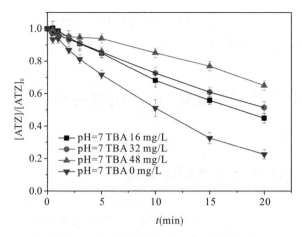

图 5-17 TBA 对 UV/PMS 降解 ATZ 的影响

注：实验条件为 $[ATZ]_0 = 2.5 \ \mu mol/L$，　$[PMS]_0 = 20 \ \mu mol/L$，　$[UV]_0 = 50 \ mW/cm^2$，$T = 20℃$，pH=7。

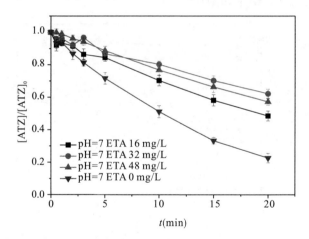

图 5-18 ETA 对 UV/PMS 降解 ATZ 的影响

注：实验条件为 $[ATZ]_0 = 2.5 \ \mu mol/L$，　$[PMS]_0 = 20 \ \mu mol/L$，　$[UV]_0 = 50 \ mW/cm^2$，$T = 20℃$，pH=7。

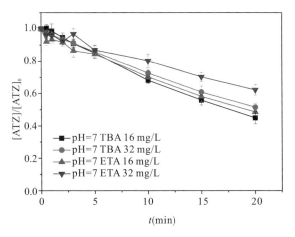

图 5-19　TBA 与 ETA 对 UV/PMS 降解 ATZ 影响的对比

注：实验条件为 $[ATZ]_0 = 2.5\ \mu mol/L$，$[PMS]_0 = 20\ \mu mol/L$，$[UV]_0 = 50\ mW/cm^2$，$T = 20℃$，$pH = 7$。

由图 5-16 可知，单独 PB 对 ATZ 几乎没有降解效果。初始浓度下单独 PMS 对 ATZ 有微弱的降解效果。单独 UV 对 ATZ 的去除率为 37.56%，占 UV/PMS 对 ATZ 的总去除率的 48.51%。UV/PB 对 ATZ 的去除率为 50.97%，比单独 UV 对 ATZ 的去除率高 13.41%，这主要是由于：一方面，在 pH=7 的 PB 中，磷酸盐主要以 HPO_4^{2-} 和 $H_2PO_4^-$ 的形式存在，且二者占比接近 1∶1，UV 可激发其生成对 ATZ 具有一定氧化作用的 $HPO_4^{\cdot -}$ 和 $H_2PO_4^{\cdot}$；另一方面，PB 可激发 PMS 生成 $SO_4^{\cdot -}$ 和 $HO^{\cdot}$。UV/PMS 对 ATZ 的去除率为 71.64%，比 UV/PB 对 ATZ 的去除率高 20.67%，这主要是由于 UV 可激发 PMS 生成 $SO_4^{\cdot -}$ 和 $HO^{\cdot}$，而 $SO_4^{\cdot -}$ 和 $HO^{\cdot}$ 对 ATZ 的去除率要大于 $HPO_4^{\cdot -}$ 和 $H_2PO_4^{\cdot}$。UV/PB/PMS（仅此处区分 UV/PB/PMS 体系与 UV/PMS 体系，其余地方 UV/PMS 体系均指在 PB 中）对 ATZ 的去除率略高于 UV/PMS，主要是由于 UV/PMS 体系的 pH 用 NaOH 调为 7，反应后体系的 pH 小于 7，而

UV/PB/PMS体系的 pH 可稳定为 7。

由图 5-17 可知，在中性条件下，没有添加 TBA 时 ATZ 的去除率为 97.74％。当分别添加浓度为 16 mg/L、32 mg/L、48 mg/L 的 TBA 时，ATZ 的去除率分别为 55.06％、48.50％、35.01％。可以看出，TBA 对 ATZ 的降解具有明显的抑制作用。

由图 5-18 可知，在中性条件下，当分别添加浓度为 0 mg/L、16 mg/L、32 mg/L、48 mg/L 的 ETA 时，ATZ 的最终去除率分别为 77.43％、51.45％、37.80％、42.76％。

由图 5-17 和图 5-18 可知，加入 TBA 与 ETA 均可有效抑制 UV/PMS 对 ATZ 的降解。与未添加 TBA 和 ETA 相比，ATZ 的去除率分别降低至 35.01％、42.76％，说明 UV/PMS 体系中 $SO_4^{\cdot-}$ 和 $HO^{\cdot}$ 两种自由基对 ATZ 的降解贡献相当。

由图 5-19 可知，在中性条件下，分别投加 16 mg/L、32 mg/L 的 TBA 和 ETA 时，反应体系中同时存在 $SO_4^{\cdot-}$ 和 $HO^{\cdot}$ 两种强氧化性自由基。抑制作用随 TBA 和 ETA 浓度的增加变化不显著，这说明自由基清除剂与氧化剂物质的量可达到几乎完全淬灭相应的活性自由基。

5.8.2　UV/PMS 降解 ATZ 的途径

在 UV/PMS 降解 ATZ 的实验过程中，分别在 3 min、10 min、20 min 时取三个样品，萃取后进行一级质谱扫描，并进行总离子和提取离子分析，ATZ 的主要降解产物的质荷比（m/z）为 174、188、198、214、232 等。

$HO^{\cdot}$ 和 $SO_4^{\cdot-}$ 氧化有机物主要通过电子转移反应、夺氢反应和加成反应三种途径。通过 HPLC-ESI-MS（阳离子模式）对 ATZ 的降解产物进行分析，推测 UV/PMS 降解 ATZ 可能存在四种途径。

（1）途径 I。

ATZ 的相对分子质量为 216，$m/z=198$ 比 ATZ 的相对分子质量小 18，脱氯反应是重要的氧化步骤，氯原子被羟基取代产生 2－羟基－4－二乙氨基－6－异丙氨基 ATZ（2－hydroxy－4－diethylamino－6－isopropylamino atrazine，HDIA）；$m/z=214$ 比 HDIA 的相对分子质量大 16，进行脱氢反应，HDIA 中某个氢原子被羟基取代，生成 2－羟基－4－羟基乙氨基－6－异丙基 ATZ（2－hydroxy－4－hydroxyethylamino－6－isopropyl atrazine，HHIA）。

（2）途径 II。

$m/z=174$ 比 ATZ 的相对分子质量小 42，$SO_4^{·-}$ 和 $HO^·$ 可能会攻击与 N 相连的异丙基发生烷基氧化反应，生成相对分子质量为 174 的 2－氯－4－二乙氨基－6－氨基 ATZ（2－chloro－4－diethylamino－6－amino atrazine，CDAA）。

（3）途径 III。

$m/z=188$ 比 ATZ 的相对分子质量小 28，$SO_4^{·-}$ 和 $HO^·$ 可能会攻击与 N 相连的乙基，生成相对分子质量为 188 的去乙基 ATZ，即 2－氯－4－氨基－6－异丙氨基 ATZ（2－chloro－4－amino－6－isopropylamino atrazine，CAIA）。

（4）途径 IV。

$m/z=232$ 比 ATZ 的相对分子质量大 16，ATZ 直接羟基化生成相对分子质量为 232 的氧化产物，即在 ATZ 降解过程中，某个氢原子被羟基取代生成 2－氯－4－羟基乙氨基－6－异丙基 ATZ（2－Chloro－4－hydroxyethylamino－6－isopropyl atrazine，CHIA）；$m/z=214$ 比 CHIA 的相对分子质量小 18，故其可能为 CHIA 脱水后的产物，生成 2－氯－4－乙烯基氨基－6－异丙基 ATZ（2－Chloro－4－vinylamino－6－isopropyl atrazine，CVIA）。

这些推测结果与 Javed 等的研究结果相似。UV/PMS 降解 ATZ 的可能途径如图 5-20 所示。

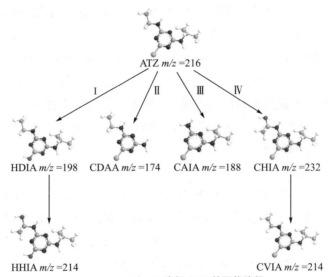

图 5-20　UV/PMS 降解 ATZ 的可能路径

注：实验条件为 $[ATZ]_0 = 2.5\ \mu mol/L$，　$[PMS]_0 = 20\ \mu mol/L$，　$[UV]_0 = 50\ mW/cm^2$，$T = 20℃$，pH=7。

5.9　不同 PMS 活化体系效能的对比及应用研究

5.9.1　不同 PMS 活化体系效能的对比

本书采用 PMS 作为氧化剂，探讨了超声波、热、紫外光三种不同活化方式降解水体中 ATZ 的效率、影响因素、动力学及机理。在 pH=7 的条件下，PMS 活化体系降解水中 ATZ 的最优反应参数及去除率见表 5-8。

表 5-8　不同 PMS 活化体系降解水中 ATZ 的最优反应参数及去除率

参数	活化体系		
	US/PMS	Heat/PMS	UV/PMS
ATZ 浓度/(μmol/L)	1.25	2.5	2.5
PMS 投加量/(μmol/L)	400	400	50
超声波强度/(W/mL)	0.88	—	—
反应温度/℃	20	50	20
UV 强度/(mW/cm^2)	—	—	50
反应时间/min	60	60	20
ATZ 去除率/%	58.77	96.28	98.24

　　由于三个活化体系取得最优去除率时所选用的参数不同，为便于对它们的效能进行比较，本节引入比降解速率 q 来描述单位时间内单位量 PMS 降解 ATZ 的量，计算公式为

$$q[\mu\text{mol ATZ}/(\mu\text{mol PMS} \cdot \text{min})] = \frac{c_0 - c}{c_{\text{PMS}} \cdot t} \quad (5.6)$$

式中　c_0——处理前 ATZ 的浓度，μmol/L；

　　　c——处理后 ATZ 的浓度，μmol/L；

　　　c_{PMS}——PMS 的浓度，μmol/L；

　　　t——反应时间，min。

　　计算得到三个活化体系对 ATZ 的去除率和比降解速率如图 5-21 所示。

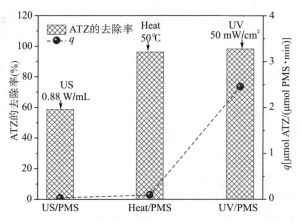

图 5-21　不同活化体系对 ATZ 的去除率和比降解速率

从三个活化体系对 ATZ 的去除率来看，ATZ 在 US/PMS 体系、Heat/PMS 体系、UV/PMS 体系中的去除率分别为 58.77％、96.28％、98.24％，其中 US/PMS 体系处理 ATZ 的进水浓度仅为 Heat/PMS 体系、UV/PMS 体系的 1/2，但其对 ATZ 的去除率依然最低；UV/PMS 体系对 ATZ 的去除率最高，比 US/PMS 体系、Heat/PMS 体系分别高出 39.47％、1.96％，虽然 Heat/PMS 体系对 ATZ 的去除率与 UV/PMS 体系较为接近，但 Heat/PMS 体系中的 PMS 浓度是 UV/PMS 体系的 8 倍，反应温度提高了 1.5 倍，反应时间也延长了 2 倍，可见UV/PMS 体系的操作条件明显优于 Heat/PMS 体系。

从三个活化体系对 ATZ 的比降解速率来看，US/PMS 体系、Heat/PMS 体系、UV/PMS 体系对水中 ATZ 的比降解速率分别为 0.0306×10^{-3} μmol ATZ/(μmol PMS · min)、0.1003×10^{-3} μmol ATZ/(μmol PMS · min)、2.4560×10^{-3} μmol ATZ/ (μmol PMS · min)。UV/PMS 体系比 US/PMS 体系、Heat/PMS体系对 ATZ 的比降解速率分别提高了 79.26、23.49 倍。UV/PMS 体系与 Heat/PMS 体系对 ATZ 的去除率差距较

小，但是两者的比降解速率却存在明显差距，这表明 UV/PMS 体系在单位时间内单位量 PMS 降解 ATZ 的量明显高于其他两个体系，利用 UV/PMS 体系处理水中的 ATZ 可得到最高的去除率。

从三个活化体系对降解 ATZ 的能耗来看，根据功率×时间＝耗电量（kW·h）的公式对比三个活化体系的能耗，见表 5－9。由表 5－9 可知，在最优反应参数条件下，US/PMS 体系、Heat/PMS体系、UV/PMS 体系的耗电量分别是 2.500 kW·h、2.334 kW·h、0.667 kW·h，US/PMS 体系、Heat/PMS 体系在降解 ATZ 的过程中的耗电量分别是 UV/PMS 体系耗电量的3.75 倍、3.50 倍，由此可见，UV/PMS 体系的能耗相对最低，在实际应用中可降低运行成本。

表 5－9　不同 PMS 活化体系的能耗

参数	活化体系		
	US/PMS	Heat/PMS	UV/PMS
反应时间/min	60	60	20
US（500W）	0.88	—	—
Heat（2000W,℃）	20	50*	20
UV（5W）	—	—	50
耗电量/kW·h	2.500	2.334	0.667

注：＊水温从 20℃升高至 50℃需耗时 10 min。

从实际应用的可行性来看，US/PMS 体系、Heat/PMS 体系在实际废水处理工艺中需要设置的超声或加热设备较为庞大，存在操作困难、能耗高等问题，加热后的水体还需要进行降温处理，实际操作比较复杂。而 UV/PMS 体系相比 US/PMS 体系、Heat/PMS 体系，不仅处理效果更显著，还具有操作更灵活、能耗更低、不需要进行降温处理等优点，更适用于实际废水处理工程。US/PMS体系、Heat/PMS体系则更适用于小型或应急废水处理，适用范围较有限。

综上可知，UV/PMS体系对ATZ的降解效能最优，结合机理分析结果，UV/PMS体系降解ATZ的过程可由图5-22描述。

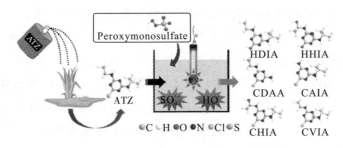

图5-22　UV/PMS体系降解ATZ的机理图

5.9.2　实际水体中ATZ的去除实验

为论证本书实验的应用可行性，选取综合效能最优的UV/PMS体系对实际含ATZ的水样进行处理。

考虑到UV/PMS工艺在实际应用中可能遇到不同的水体，本书采用不同种类的水样作为背景基质，包括1条饮用水水源地河流——柏条河、2个污水厂（1个生活污水处理厂，1个工业废水处理厂）的不同工艺段的水样。上述各水样经过滤后的水质参数见表5-10。

表 5-10　实际水样的水质参数（反应前）

取样点	pH	UV$_{254}$	COD /mg · L^{-1}	NH$_3$-N /mg · L^{-1}	ATZ /μmol · L^{-1}
BTH	8.48	0.073	12	0.229	2.5
DWW	7.91	0.401	416	32.600	2.5
IWW-1	8.60	0.517	376	30.700	2.5
IWW-2	7.78	0.086	7400	0.425	2.5

注：BTH、DWW、IWW-1、IWW-2 水样分别取自柏条河、生活污水处理厂进水、工业废水处理厂进水、工业废水处理厂生化池。

将所有样品都透过 0.45 μm 膜过滤器，采用磁搅拌法制备不同水样中 ATZ 浓度为 2.5 μmol/L 的 ATZ 溶液，并将其储存在 4℃的环境中。为了对比 PMS 对纯水和实际水体中 ATZ 的去除率，本实验在收集到的 4 个水样中分别加入一定量的 ATZ，使水样中 ATZ 浓度均达到 2.5 μmol/L。反应体系的温度为常温，pH 为水样自身 pH 值，PMS 浓度为 20 μmol/L，UV 强度为 50 mW/cm^2。实际水样处理装置如图 5-23 所示。

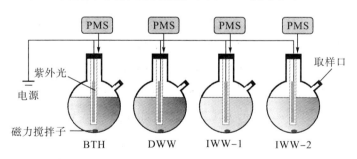

图 5-23　实际水样处理装置

当反应时间为 20 min 时，反应后实际水样的水质参数见表 5-11。

表 5-11　反应后实际水样的水质参数

取样点	pH	UV_{254}	COD /mg·L^{-1}	NH_3-N /mg·L^{-1}	ATZ 的去除率 /%
BTH	7.82	0.043	7.6	0.196	100.00
DWW	7.63	0.376	264	31.700	76.76
IWW-1	7.80	0.478	296	14.100	79.33
IWW-2	7.72	0.060	47.2	0.978	97.23

　　对比表 5-10 和表 5-11 中四种水样的水质参数可知，实际水样的 pH=7～9，BTH 和 IWW-1 的 pH 最高，分别为 8.48、8.60。反应后，水样的 pH 都有所下降，但 BTH 和 IWW-1 的 pH 仍然最高，分别为 7.82、7.80。BTH、DWW、IWW-1、IWW-2 中，UV_{254} 含量分别为 0.073、0.401、0.517、0.086，DWW、IWW-1、IWW-2 比 BTH 分别高 4.49 倍、6.08 倍、0.18 倍；COD 含量分别为 12 mg/L、416 mg/L、376 mg/L、7400 mg/L，DWW、IWW-1、IWW-2 中 COD 含量比 BTH 分别高了 33.67、30.33、615.67 倍。结合 PMS 对 4 种水样中 ATZ 的去除率（依次为 100%、76.76%、79.33%、97.23%），可见较高的 UV_{254} 和 COD 含量使 DWW、IWW-1、IWW-2 中 ATZ 的去除率比 BTH 低，说明 PMS 对水中有机物的氧化降解消耗了自身能量，降低了 PMS 对 ATZ 的去除率。

　　考虑到实际水样的 pH 为 7～9，选择第 5 章 UV/PMS 实验中 pH=7～9 时 UV/PMS 对 ATZ 的降解效果进行对比，如图 5-24 所示。由图 5-24 可知，当 pH 分别为 7、8、9 时，在 20 min内，ATZ 的去除率分别为 77.43%、72.35%、92.87%，而实际水样 BTH、DWW、IWW-1、IWW-2 中 ATZ 的去除率分别为 100%、76.76%、79.33%、97.23%，这说明实际水体中的有机物及离子等杂质的存在对 ATZ 的降解有明显的促进或抑制作用。Guan 等在实际水体中研究 $CuFe_2O_4$/PMS 降解

ATZ，结果表明其可能受到 pH、TOC 和碱度的影响。本书实验表明，UV/PMS 工艺对 ATZ 的去除率与水基质有关。

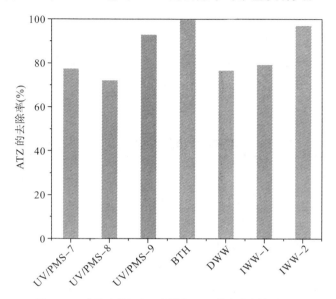

图 5-24　实验水样与实际水样中 ATZ 的去除率的对比图

注：实验条件为 $[ATZ]_0 = 2.5\ \mu mol/L$，　$[PMS]_0 = 20\ \mu mol/L$，　$[UV]_0 = 50\ mW/cm^2$，$T = 20℃$，pH=7、8、9。

5.10　本章小结

本章主要研究了紫外光活化 PMS 体系对 ATZ 的降解效果，考察了温度、PMS 浓度、pH、ATZ 浓度、水体中常见阴离子（Cl^-、HCO_3^-、NO_3^-）对 UV/PMS 体系降解 ATZ 的影响、动力学和机理，并探究了该体系对实际水体中 ATZ 的降解情况。主要研究结果如下：

（1）当反应体系温度从 10℃升高至 25℃时，ATZ 的去除率从 59.56％升高至 80.32％，拟一级反应速率常数提高了 0.71 倍。当

PMS 浓度为 10～50 μmol/L 时，随着反应体系中 PMS 浓度的升高，UV/PMS 降解 ATZ 的效果随之增强；PMS 浓度为 50 μmol/L 时的拟一级反应速率常数比 PMS 浓度为 10 μmol/L 时提高了 3.42 倍。偏碱性条件下，ATZ 的去除率比偏酸性时高，当反应体系的 pH 从 5 升高至 9 时，拟一级反应速率常数提高了 6.79 倍，ATZ 的半衰期从 32.0 min 缩短至 4.1 min。当 UV 强度从 30 mW/cm^2 升高至 100 mW/cm^2 时，ATZ 的去除率从 9.51％ 升高至 84.89％，K_{obs} 由 0.00335 min^{-1} 提高至 0.09222 min^{-1}。当 ATZ 浓度由 0.31 μmol/L 升至 5 μmol/L 时，K_{obs} 从 0.46229 min^{-1} 降低至 0.02894 min^{-1}，半衰期从 1.5 min 延长至 24.0 min。当温度为 20℃、PMS 浓度为 50 μmol/L、pH = 7、UV 强度为 50 mW/cm^2、ATZ 浓度为 2.5 μmol/L、反应时间为 20 min 时，UV/PMS 体系对 ATZ 的去除率高达 98.24％。

（2）Cl$^-$、HCO$_3^-$ 对 UV/PMS 降解 ATZ 均表现为抑制作用，且 Cl$^-$ 对 UV/PMS 降解 ATZ 的抑制作用更明显。NO$_3^-$ 对 UV/PMS 降解 ATZ 表现为促进作用，这与 UV 可激发 NO$_3^-$ 产生 HO·、NO$_2^-$、NO$_2$ 自由基等物质，从而增大单位时间内 UV/PMS 体系中 HO· 的稳态浓度有关。ATZ 在 UV/PMS、UV/PMS/Cl$^-$、US/PMS/HCO$_3^-$、UV/PMS/NO$_3^-$ 体系中的降解过程更符合拟一级反应动力学。

（3）UV/PB 对 ATZ 的去除率略高于单独 UV，UV/PMS 对 ATZ 的去除率明显高于 UV/PB。UV/PMS 体系中同时存在 HO· 和 SO$_4^{·-}$，当 pH=7 时，HO·、SO$_4^{·-}$ 氧化降解 ATZ 的占比接近 1∶1。降解过程中得到 6 种中间产物，UV/PMS 体系对 ATZ 的降解过程可能存在四种途径，主要包括脱氯－羟基化、脱烷基化、去乙基化和脱水反应等。

（4）UV/PMS 体系对 ATZ 的降解效能最优。采用 UV/PMS 体系处理含 ATZ 的柏条河水（BTH）、某生活污水处理厂进水

（DWW）、某工业废水处理厂进水（IWW-1）和某工业废水处理厂生化池进水（IWW-2），当 ATZ 浓度为 2.5 μmol/L、PMS 浓度为 20 μmol/L、UV 强度为 50 mW/cm^2、反应时间为 20 min 时，UV/PMS 体系对上述实际水体中 ATZ 的去除率依次为 100%、76.76%、79.33%、97.23%，所以 UV/PMS 体系降解实际水体中的 ATZ 可行，适用于实际水体的 pH 范围较广。

第 6 章　结论与展望

6.1　结论

本书系统地研究了超声波（US）、热（Heat）、紫外光（UV）三种不同活化方式下 PMS 对水中 ATZ 的降解效能，对各反应体系中常见的影响因素及动力学进行了分析，通过中间产物探讨了 ATZ 的降解途径和机理，为 PMS 在含 ATZ 实际水体处理中的应用提供了理论基础和技术指导。研究得到的主要结论如下：

（1）在 US/PMS 体系中，当反应溶液 pH = 7、温度为 20℃、PMS 浓度为 200 μmol/L、ATZ 浓度为 1.25 μmol/L、超声波强度为 0.88 W/mL、反应时间为 60 min 时，US/PMS 对 ATZ 的去除率为 45.85%。机理分析表明，单独 PMS 对 ATZ 有微弱的降解效果，US/PMS 体系中同时存在 HO· 和 $SO_4^{·-}$ 参与降解水中 ATZ。无机阴离子实验表明，Cl^-、HCO_3^-、NO_3^- 对 US/PMS 降解 ATZ 主要表现为抑制作用，且 Cl^- 的抑制作用最强，NO_3^- 的抑制作用最弱。动力学分析表明，US/PMS 降解 ATZ 的过程符合拟二级反应动力学，浓度为 1 mmol/L 的 ETA 使 US/PMS 降解 ATZ 的速率降低为原来的 10.91%。产物分析结果表明，US/PMS 体系降解 ATZ 主要通过脱烷基、脱氯－羟基化等来实现，最终三嗪环未被降解，共计发现十种中间产物。

（2）在 Heat/PMS 体系中，当反应溶液 pH=7、温度为 50℃、PMS 浓度为 400 μmol/L、ATZ 浓度为 2.5 μmol/L、反应时间为 60 min 时，Heat/PMS 对 ATZ 的去除率可达 96.28%。无机阴离子实验表明，HCO_3^- 对 Heat/PMS 降解 ATZ 表现为抑制作用；Cl^-、NO_3^- 对 Heat/PMS 降解 ATZ 表现为促进作用，且 NO_3^- 的促进作用更明显。机理分析表明，Heat/PMS 体系中同时存在 $HO\cdot$ 和 $SO_4^{\cdot-}$，不同 pH 条件下主导自由基的类型不同。当溶液 pH=6 时，$HO\cdot$ 降解 ATZ 的占比高于 $SO_4^{\cdot-}$；当溶液 pH=7、8 时，$SO_4^{\cdot-}$ 降解 ATZ 的占比高于 $HO\cdot$。动力学分析表明，Heat/PMS 降解 ATZ 的过程符合拟一级反应动力学。产物分析结果表明，Heat/PMS 降解 ATZ 主要通过脱烷基化及脱氯－羟基化来实现，共计产生八种中间产物。

（3）在 UV/PMS 体系中，当反应溶液 pH=7、温度为 20℃、PMS 浓度为 50 μmol/L、UV 强度为 50 mW/cm^2、ATZ 浓度为 2.5 μmol/L、反应时间为 20 min 时，UV/PMS 对 ATZ 的去除率可达 98.24%。Cl^-、HCO_3^- 对 UV/PMS 降解 ATZ 均表现为抑制作用，且 Cl^- 的抑制作用更明显；NO_3^- 对 UV/PMS 降解 ATZ 表现为促进作用。机理分析表明，当溶液 pH=7 时，UV/PMS 体系中 $HO\cdot$、$SO_4^{\cdot-}$ 氧化降解 ATZ 的占比接近 1∶1，UV/PMS 降解 ATZ 的过程更符合拟一级反应动力学。产物分析结果表明，UV/PMS 体系对 ATZ 的降解途径主要包括脱氯－羟基化、脱烷基化、去乙基化和脱水反应。

（4）在 US/PMS 体系、Heat/PMS 体系、UV/PMS 体系中，UV/PMS 体系对水中 ATZ 的去除率和比降解速率最高，能耗最低，实际应用可行性最高，应用其处理四种含 ATZ 的实际水样，发现虽然实际水样成分复杂，与纯水实验数据相比有差异，但最低的 ATZ 去除率依然达到了 76.76%，对柏条河水中 ATZ 的去除率达到了 100%，这表明 UV/PMS 体系在含 ATZ 的实际水体处理中具有较高的可行性。

6.2 创新点

（1）选用操作简单、条件温和、无需外加化学药剂或其他材料的超声波、热、紫外光三种方式活化 PMS，系统地考察了不同条件下 US/PMS 体系、Heat/PMS 体系、UV/PMS 体系对水中 ATZ 的降解效果，为 ATZ 降解提供了一条高效、低耗、二次污染小的新途径。

（2）探究了水体中常见阴离子（Cl^-、HCO_3^-、NO_3^-）对 US/PMS、Heat/PMS、UV/PMS 降解 ATZ 的影响，对比了上述阴离子对 ATZ 降解过程的促进或抑制规律，阐明了不同阴离子浓度下的促进或抑制机理，为不同活化方式的 PMS 降解实际水体中 ATZ 的应用奠定了基础。

（3）解析了不同影响因素（温度、PMS 浓度、pH、超声波强度、UV 强度、ATZ 浓度、Cl^-、HCO_3^-、NO_3^-）下活化 PMS 体系降解水中 ATZ 的反应动力学，确定了各体系的反应速率常数和 ATZ 的半衰期。同时，基于产物分析结果对 ATZ 的降解途径进行了深入探讨，为揭示 US/PMS、Heat/PMS、UV/ PMS 体系对 ATZ 的降解机理提供了理论依据。

6.3　展望

本书基于不同 PMS 活化体系的 AOPs 对水体中难降解污染物 ATZ 的处理研究取得了良好的降解效果，但还需在以下几个方面进行进一步研究：

（1）本书采用 PB 调节反应溶液的 pH，用于考察不同 pH 对氧化降解 ATZ 的影响，同时也能抵消 PMS 引起的溶液 pH 的变化。但是在 US/PMS 体系、Heat/PMS 体系、UV/PMS 体系中，对磷酸根和 PMS 的具体反应机理未作深入研究，还需进一步研究三种氧化体系在 PB 中对污染物 ATZ 的降解机理。

（2）目前对 ATZ 的调研工作开展得还不够深入，对其污染现状不够清楚。因此，有必要对不同环境介质（包括地表水、地下水、饮用水、土壤、空气等）中 ATZ 的污染现状进行调研，完善污染数据库，从而全面了解我国不同环境介质中 ATZ 的污染现状，为后续污染治理工作提供必要的数据支撑。

（3）本书采用的 US/PMS、Heat/PMS、UV/PMS 三种高级氧化体系中主要产生了 $HO \cdot$ 和 SO_4^{-} 两种活性自由基，二者共同作用于 ATZ，从而达到较好的降解效果。以后将进一步推进三种 AOPs 氧化降解 ATZ 过程中的产物分析和氧化产物的毒理性分析，使研究成果在工程应用上取得更好的经济、环境效益。

参考文献

[1] Anipsitakis G P, Dionysiou D D. Radical generation by the interaction of transition metals with common oxidants [J]. Environmental Science Technology, 2004, 38 (13): 3705-3712.

[2] Anipsitakis G P, Dionysiou D D. Transition metal/UV-based advanced oxidation technologies for water decontamination [J]. Applied Catalysis B Environmental, 2004, 54 (3): 155-163.

[3] Antoniou M G, Cruz A A D L, Dionysiou D D. Degradation of microcystin-LR using sulfate radicals generated through photolysis, thermolysis and e-transfer mechanisms [J]. Applied Catalysis B Environmental, 2010, 96 (3): 290-298.

[4] Beltran F J. Ozone-UV radiation-hydrogen peroxide oxidation technologies [J]. Environmental Science and Pollution Control Series, 2003: 1-76.

[5] Bennedsen L R, Muff J, Søgaard E G. Influence of chloride and carbonates on the reactivity of activated persulfate [J]. Chemosphere, 2012, 86 (11): 1092-1097.

[6] Bouchard J, Maine C, Argyropoulos D, et al. Kraft pulp bleaching using in-situ dimethyldioxirane: mechanism and reactivity of the oxidants [J]. International Journal of the Biology, Chemistry, Physics Technology of Wood, 1998, 52 (5): 499-505.

[7] Bu L, Bi C, Shi Z, et al. Significant enhancement on ferrous/persulfate oxidation with epigallocatechin-3-gallate: simultaneous chelating and

reducing [J]. Chemical Engineering Journal, 2017 (321): 642−650.

[8] Buxton G V, Greenstock C L, Helman W P, et al. Critical review of rate constants for reactions of hydrated electrons, hydrogen atoms and hydroxyl radicals (OH/O in aqueous solution) [J]. Journal of Physical Chemical Reference Data, 1988, 17 (2): 513−886.

[9] Buxton G V, Salmon G A, Wood N D. A pulse radiolysis study of the chemistry of oxysulphur radicals in aqueous solution [M]. Dordrecht: Springer, 1990.

[10] Cai Z, Wang D, Ma W T. Gas chromatography/ion trap mass spectrometry applied for the analysis of triazine herbicides in environmental waters by an isotope dilution technique [J]. Analytica Chimica Acta, 2004, 503 (2): 263−270.

[11] Cheng X, Liang H, Ding A, et al. Ferrous iron/peroxymonosulfate oxidation as a pretreatment for ceramic ultrafiltration membrane: Control of natural organic matter fouling and degradation of atrazine [J]. Water Research, 2017 (113): 32−41.

[12] Cheng Y, He H, Yang C, et al. Challenges and solutions for biofiltration of hydrophobic volatile organic compounds [J]. Biotechnology Advances, 2016, 34 (6): 1091−1102.

[13] Chengdu Q, Xitao L, Wei Z, et al. Degradation and dechlorination of pentachlorophenol by microwave-activated persulfate [J]. Environmental Science Pollution Research International, 2015, 22 (6): 4670−4679.

[14] Comber S D W. Abiotic persistence of atrazine and simazine in water [J]. Pest Management Science, 2015, 55 (7): 696−702.

[15] Cooper R L, Stoker T E, Tyrey L, et al. Atrazine disrupts the hypothalamic control of pituitary-ovarian function [J]. Toxicological Sciences, 2000, 53 (2): 297−307.

[16] Das T N. Reactivity and role of $SO_5^{\cdot-}$ radical in aqueous medium chain oxidation of sulfite to sulfate and atmospheric sulfuric acid generation [J]. Journal of Physical Chemistry A, 2017, 105 (40): 9142−

9155.

[17] Deng Y, Ezyske C M. Sulfate radical-advanced oxidation process (SR-AOP) for simultaneous removal of refractory organic contaminants and ammonia in landfill leachate [J]. Water Research, 2011, 45 (18): 6189—6194.

[18] Dos Santos E V, Sáez C, Martínezhuitle C A, et al. Combined soil washing and CDEO for the removal of atrazine from soils [J]. Journal of Hazardous Materials, 2015, 300: 129—134.

[19] Duan L, Sun B, Wei M, et al. Catalytic degradation of Acid Orange 7 by manganese oxide octahedral molecular sieves with peroxymonosulfate under visible light irradiation [J]. Journal of Hazardous Materials, 2015 (285): 356—365.

[20] Fan X, Song F. Bioremediation of atrazine: recent advances and promises [J]. Journal of Soils Sediments, 2014, 14 (10): 1727—1737.

[21] Gao Y Q, Gao N Y, Deng Y, et al. Degradation of florfenicol in water by UV/$Na_2S_2O_8$ process [J]. Environmental Science Pollution Research International, 2015, 22 (11): 8693—8701.

[22] Ghanbari F, Moradi M. Application of peroxymonosulfate and its activation methods for degradation of environmental organic pollutants: Review [J]. Chemical Engineering Journal, 2017 (102): 307—315.

[23] Ghanbari F, Moradi M. Application of peroxymonosulfate and its activation methods for degradation of environmental organic pollutants [J]. Chemical Engineering Journal, 2017 (310): 41—62.

[24] Ghauch A, Tuqan A M. Oxidation of bisoprolol in heated persulfate/H_2O systems: kinetics and products [J]. Chemical Engineering Journal, 2012, 183 (8): 162—171.

[25] Govindan K, Raja M, Noel M, et al. Degradation of pentachlorophenol by hydroxyl radicals and sulfate radicals using electrochemical

activation of peroxomonosulfate, peroxodisulfate and hydrogen peroxide [J]. Journal of Hazardous Materials, 2014, 272 (4): 42—51.

[26] Grigorev A, Makarov I, Pikaev A. Formation of Cl_2^- in the bulk of solution during radiolysis of concentrated aqueous solutions of chlorides [J]. Khimiya Vysokikh Ehnergij, 1987, 21 (2): 123—126.

[27] Gu X, Lu S, Qiu Z, et al. Comparison of photodegradation performance of 1, 1, 1-trichloroethane in aqueous solution with the addition of H_2O_2 or $S_2O_8^{2-}$ oxidants [J]. Industrial Engineering Chemistry Research, 2012 (51): 7196—7204.

[28] Guan Y H, Ma J, Li X C, et al. Influence of pH on the formation of sulfate and hydroxyl radicals in the UV/peroxymonosulfate system [J]. Environmental Science Technology, 2011, 45 (21): 9308—9314.

[29] Guan Y H, Ma J, Ren Y M, et al. Efficient degradation of atrazine by magnetic porous copper ferrite catalyzed peroxymonosulfate oxidation via the formation of hydroxyl and sulfate radicals [J]. Water Research, 2013, 47 (14): 5431—5438.

[30] Guo J, Li Z, Ranasinghe P, et al. Occurrence of atrazine and related compounds in sediments of upper great lakes [J]. Environmental Science Technology, 2016, 50 (14): 7335—7343.

[31] Guo Y, Zhou J, Lou X, et al. Enhanced degradation of tetrabromobisphenol A in water by a UV/base/persulfate system: kinetics and intermediates [J]. Chemical Engineering Journal, 2014, 254 (20): 538—544.

[32] Guzzella L, Pozzoni F, Giuliano G. Herbicide contamination of surficial groundwater in Northern Italy [J]. Environmental Pollution, 2006, 142 (2): 344—353.

[33] Hayon E, Treinin A, Wilf J. Electronic spectra, photochemistry,

and autoxidation mechanism of the sulfite-bisulfite-pyrosulfite systems. SO_2^-, SO_3^-, SO_4^-, and SO_5^- radicals [J]. Journal of the American Chemical Society, 1972, 94 (1): 47—57.

[34] Hoffman R S, Capel P D, Larson S J. Comparison of pesticides in eight U. S. urban streams [J]. Environmental Toxicology Chemistry, 2010, 19 (9): 2249—2258.

[35] Hou L, Hui Z, Xue X. Ultrasound enhanced heterogeneous activation of peroxydisulfate by magnetite catalyst for the degradation of tetracycline in water [J]. Separation Purification Technology, 2012, 84 (2): 147—152.

[36] Hu E, Cheng H, Hu Y. Microwave-induced degradation of atrazine sorbed in mineral micropores [J]. Environmental Science Technology, 2012, 46 (9): 5067—5076.

[37] Huang J P, Mabury S A. Chemistry, A new method for measuring carbonate radical reactivity toward pesticides [J]. Environmental Toxicology Chemistry, 2010, 19 (6): 1501—1507.

[38] Huang K C, Zhao Z, George H, et al. Degradation of volatile organic compounds with thermally activated persulfate oxidation [J]. Chemosphere, 2005, 61 (4): 551—560.

[39] Huang Z, Bao H, Yao Y, et al. Key role of activated carbon fibers in enhanced decomposition of pollutants using heterogeneous cobalt/ peroxymonosulfate system: key role of activated carbon fibers in enhanced decomposition [J]. Journal of Chemical Technology Biotechnology Advances, 2016, 91 (5): 1257—1265.

[40] Huie R E, Clifton C L. Temperature dependence of the rate constants for reactions of the sulfate radical, SO_4^-, with anions [J]. Journal of Physical Chemistry, 1990, 94 (23): 8561—8567.

[41] Hussain H, Green I R, Ahmed I. Journey describing applications of oxone in synthetic chemistry [J]. Chemical reviews, 2013, 113 (5): 3329—3371.

[42] Ilho K, Hiroaki T. Photodegradation characteristics of PPCPs in water with UV treatment [J]. Environment International, 2009, 35 (5): 793—802.

[43] Jaafarzadeh N, Ghanbari F, Ahmadi M. Efficient degradation of 2, 4-dichlorophenoxyacetic acid by peroxymonosulfate/magnetic copper ferrite nanoparticles/ozone: A novel combination of advanced oxidation processes [J]. Chemical Engineering Journal, 2017 (320): 436—447.

[44] Jaafarzadeh N, Ghanbari F, Moradi M. Photo-electro-oxidation assisted peroxymonosulfate for decolorization of acid brown 14 from aqueous solution [J]. Korean Journal of Chemical Engineering, 2015, 32 (3): 458—464.

[45] Jayson G G, Parsons B J, Swallow A J. Some simple, highly reactive, inorganic chlorine derivatives in aqueous solution. Their formation using pulses of radiation and their role in the mechanism of the Fricke dosimeter [J]. Journal of the Chemical Society Faraday Transactions Physical Chemistry in Condensed Phases, 1973 (69): 1597—1607.

[46] Ji Y, Dong C, Kong D, et al. Heat-activated persulfate oxidation of atrazine: Implications for remediation of groundwater contaminated by herbicides [J]. Chemical Engineering Journal, 2015 (263): 45—54.

[47] Johnson R L, Tratnyek P G, Johnson R O B. Persulfate persistence under thermal activation conditions [J]. Environmental Science Technology, 2008, 42 (24): 9350—9356.

[48] Khan J A, He X, Shah N S, et al. Kinetic and mechanism investigation on the photochemical degradation of atrazine with activated H_2O_2, $S_2O_8^{2-}$ and HSO_5^- [J]. Chemical Engineering Journal, 2014, 252 (18): 393—403.

[49] Klaening U K, Sehested K, Appelman E H. Laser flash photolysis and pulse radiolysis of aqueous solutions of the fluoroxysulfate ion,

SO₄F⁻ [J]. Cheminform, 2010, 22 (48): 3582—3584.

[50] Kurukutla A B, Kumar P S S, Anandan S, et al. Sonochemical degradation of rhodamine b using oxidants, hydrogen peroxide/peroxydisulfate/peroxymonosulfate, with Fe^{2+} ion: proposed pathway and kinetics [J]. Environmental Engineering Science, 2015, 32 (2): 129—140.

[51] Lai B, Chen Z, Zhou Y, et al. Removal of high concentration p-nitrophenol in aqueous solution by zero valent iron with ultrasonic irradiation (US-ZVI) [J]. Journal of Hazardous Materials, 2013, 250 (2): 220—228.

[52] Laws S. The effects of atrazine on female wistar rats: an evaluation of the protocol for assessing pubertal development and thyroid function [J]. Toxicological Sciences, 2000, 58 (2): 366—376.

[53] Li B, Li L, Lin K, et al. Removal of 1, 1, 1-trichloroethane from aqueous solution by a sono-activated persulfate process [J]. Ultrasonics Sonochemistry, 2013, 20 (3): 855—863.

[54] Li B. Simultaneous degradation of 1, 1, 1-trichloroethane and solvent stabilizer 1, 4-dioxane by a sono-activated persulfate process [J]. Chemical Engineering Journal, 2015 (284): 750—763.

[55] Liang C J, Wang Z S, Clifford B. Influence of pH on persulfate oxidation of TCE at ambient temperatures [J]. Chemosphere, 2007, 66 (1): 106—113.

[56] Liang C, Su H W. Identification of sulfate and hydroxyl radicals in thermally activated persulfate [J]. Industrial Engineering Chemistry Research, 2009, 48 (11): 472—475.

[57] Licht S, Wang B, Ghosh S. Energetic iron (Ⅵ) chemistry: the super-iron battery [J]. Science, 1999, 285 (5430): 1039—1042.

[58] Lin C C, Wu M S. $UV/S_2O_8^{2-}$ process for degrading polyvinyl alcohol in aqueous solutions [J]. Chemical Engineering Processing Process Intensification, 2014 (85): 209—215.

[59] Lin Y T, Liang C, Chen J H. Feasibility study of ultraviolet activated persulfate oxidation of phenol [J]. Chemosphere, 2011, 82 (8): 1168－1172.

[60] Luo C, Ma J, Jiang J, et al. Simulation and comparative study on the oxidation kinetics of atrazine by UV/H_2O_2, UV/HSO_5^- and $UV/S_2O_8^{2-}$ [J]. Water Research, 2015 (80): 99－108.

[61] Lutze H V, Stephanie B, Insa R, et al. Degradation of chlorotriazine pesticides by sulfate radicals and the influence of organic matter [J]. Environmental Science Technology, 2015, 49 (3): 1673－1680.

[62] Mahdi A M, Chiron S. Ciprofloxacin oxidation by UV-C activated peroxymonosulfate in wastewater [J]. Journal of Hazardous Materials, 2014 (265C): 41－46.

[63] Moghaddam S K, Rasoulifard M, Vahedpour M, et al. Removal of tylosin from aqueous solution by $UV/nano\ Ag/S_2O_8^{2-}$ process: Influence of operational parameters and kinetic study [J]. Korean Journal of Chemical Engineering, 2014, 31 (9): 1577－1581.

[64] Monitoring of pesticides in the environment objects of Russian federation in 2013 [M]. Obninsk: Vniigmimtsd, 2014.

[65] Nam K H, Schroeder J P, Petrick G, et al. Removal of the off-flavor compounds geosmin and 2-methylisoborneol from recirculating aquaculture system water by ultrasonically induced cavitation [J]. Aquacultural Engineering, 2016, 70 (1): 73－80.

[66] Neppiras E A. Acoustic cavitation [J]. Physics Reports, 1980, 61 (3): 159－251.

[67] Neppolian B, Doronila A, Ashokkumar M. Sonochemical oxidation of arsenic (Ⅲ) to arsenic (Ⅴ) using potassium peroxydisulfate as an oxidizing agent [J]. Water Research, 2010, 44 (12): 3687－3695.

[68] Olmez H T, Arslan A I, Genc B. Bisphenol A treatment by the hot persulfate process: Oxidation products and acute toxicity [J]. Journal of Hazardous Materials, 2013, 263: 283－290.

[69] Pennington D E, Haim A. Stoichiometry and mechanism of the chromium（Ⅱ）-peroxydisulfate reaction [J]. Journal of the American Chemical Society, 1968, 90 (14): 3700−3704.

[70] Ralebitso T K, Senior E, Verseveld H W. Microbial aspects of atrazine degradation in natural environments [J]. Biodegradation, 2002, 13 (1): 11−19.

[71] Ribeiro A B, Rodrguez M J M, Mateus E P, et al. Removal of organic contaminants from soils by an electrokinetic process: the case of atrazine: experimental and modeling [J]. Chemosphere, 2005, 59 (9): 1229−1239.

[72] Romero A, Santos A, Vicente F, et al. Diuron abatement using activated persulphate: Effect of pH, Fe（Ⅱ）and oxidant dosage [J]. Chemical Engineering Journal, 2010, 162 (1): 257−265.

[73] Ruiyang X, Tiantian Y, Zongsu W, et al. Quantitative structure-activity relationship（QSAR）for the oxidation of trace organic contaminants by sulfate radical [J]. Environmental Science Technology, 2015, 49 (22): 13394−13402.

[74] Saber A, Rasul M G, Brown R, et al. Influence of parameters on the heterogeneous photocatalytic degradation of pesticides and phenolic contaminants in wastewater: a short review [J]. Journal of Environmental Management, 2011, 92 (3): 311−330.

[75] Shah A D, Mitch W A. Halonitroalkanes, halonitriles, haloamides, and N-nitrosamines: a critical review of nitrogenous disinfection byproduct formation pathways [J]. Environmental Science & Technology, 2012, 46 (1): 119−131.

[76] Simonin J P. On the comparison of pseudo-first order and pseudo-second order rate laws in the modeling of adsorption kinetics [J]. Chemical Engineering Journal, 2016 (300): 254−263.

[77] Songlin W, Ning Z. Removal of carbamazepine from aqueous solution using sono-activated persulfate process [J]. Ultrasonics Sonochemistry,

2016 (29): 156—162.

[78] Sonntag C V. Advanced oxidation processes: mechanistic aspects [J]. Water Science, 2008, 58 (5): 1015—1021.

[79] Soumia F, Petrier C. Effect of potassium monopersulfate (oxone) and operating parameters on sonochemical degradation of cationic dye in an aqueous solution [J]. Ultrasonics Sonochemistry, 2016 (32): 343—347.

[80] Su S, Guo W, Yi C, et al. Degradation of amoxicillin in aqueous solution using sulphate radicals under ultrasound irradiation [J]. Ultrasonics sonochemistry, 2012, 19 (3): 469—474.

[81] Suslick K S, Flannigan D J. Inside a collapsing bubble: sonoluminescence and the conditions during cavitation [J]. Annual Review of Physical Chemistry, 2008, 59 (1): 659—683.

[82] Teel A L, Cutler L M, Watts R J. Effect of sorption on contaminant oxidation in activated persulfate systems [J]. Effect of sorption on contaminant oxidation in activated persulfate systems, 2009, 44 (11): 1098—1103.

[83] Thompson L, Doraiswamy L. Sonochemistry: science and engineering [J]. Industrial Engineering Chemistry Research, 1999, 38 (4): 1215—1249.

[84] Tsitonaki A, Smets B F, Bjerg P L. Effects of heat-activated persulfate oxidation on soil microorganisms [J]. Water Research, 2008, 42 (4): 1013—1022.

[85] Waldemer R H, Tratnyek P G, Johnson R L, et al. Oxidation of chlorinated ethenes by heat-activated persulfate: kinetics and products [J]. Environmental Science &. Technology, 2007, 41 (3): 1010—1015.

[86] Wang S, Wu X, Wang Y, et al. Removal of organic matter and ammonia nitrogen from landfill leachate by ultrasound [J]. Ultrasonics Sonochemistry, 2008, 15 (6): 933—937.

[87] Wei Z, Villamena F A, Weavers L K. Kinetics and mechanism of ultrasonic activation of persulfate: an in-situ EPR spin trapping study [J]. Environmental Science Technology, 2017, 51 (6): 3410 – 3417.

[88] Wu S, Li H, Xiang L, et al. Performances and mechanisms of efficient degradation of atrazine using peroxymonosulfate and ferrate as oxidants [J]. Chemical Engineering Journal, 2018: 533–541.

[89] Yang S, Wang P, Yang X, et al. A novel advanced oxidation process to degrade organic pollutants in wastewater: Microwave-activated persulfate oxidation [J]. Journal of Environmental Sciences, 2009, 21 (9): 1175–1180.

[90] Yang S, Wang P, Yang X, et al. Degradation efficiencies of azo dye Acid Orange 7 by the interaction of heat, UV and anions with common oxidants: persulfate, peroxymonosulfate and hydrogen peroxide [J]. Journal of Hazardous Materials, 2010, 179 (1): 552–558.

[91] Yu X Y, Bao Z C, Barker J R. Free radical reactions involving $Cl^{\cdot}$, $Cl_2^{-\cdot}$, and $SO_4^{-\cdot}$ in the 248 nm photolysis of aqueous solutions containing $S_2O_8^{2-}$ and Cl [J]. Cheminform, 2004, 35 (14): 295–308.

[92] Yu X Y, Barker J R. Hydrogen peroxide photolysis in acidic aqueous solutions containing chloride ions II quantum yield of HO·(Aq) radicals [J]. Journal of Physical Chemistry A, 2003, 107 (9): 1325–1332.

[93] Zhang Z, Feng Y, Yu L, et al. Kinetic degradation model and estrogenicity changes of EE 2 (17α-ethinylestradiol) in aqueous solution by UV and UV/H_2O_2 technology [J]. Journal of Hazardous Materials, 2010, 181 (1): 1127–1133.

[94] Zhao J Y, Zhang Y B, Quan X, et al. Enhanced oxidation of 4-chlorophenol using sulfate radicals generated from zero-valent iron and peroxydisulfate at ambient temperature [J]. Separation Purification

Technology，2010，71（3）：302－307.

[95] Zhou Q，Gao Y. Combination of ionic liquid dispersive liquid-phase microextraction and high performance liquid chromatography for the determination of triazine herbicides in water samples［J］. Chinese Chemical Letters，2014，25（5）：745－748.

[96] 邓建才，蒋新，王代长，等. 农田生态系统中除草剂阿特拉津的环境行为及其模型研究进展［J］. 生态学报，2005，25（12）：3359－3367.

[97] 丁张凯. 臭氧/过一硫酸盐及臭氧/过氧化氢高级氧化技术降解水中阿特拉津实验研究［D］. 成都：西南交通大学，2018.

[98] 何光瑞. 超声零价铁活化过硫酸盐去除水中阿莫西林和卡马西平的研究［D］. 武汉：华中科技大学，2017.

[99] 何悦. 活化过硫酸盐高级氧化技术降解水中阿特拉津实验研究［D］. 成都：西南交通大学，2018.

[100] 李四辉，施英乔，丁来保，等. 过硫酸钠热激活法深度氧化竹材制浆废水生化出水的研究［J］. 生物质化学工程，2014（5）：1－6.

[101] 刘桂芳，孙亚全，陆洪宇，等. 活化过硫酸盐技术的研究进展［J］. 工业水处理，2012，32（12）：6－10.

[102] 刘洪君. 紫外/过硫酸盐氧化体系降解 2,4－二溴苯酚动力学及溴代产物研究［D］. 哈尔滨：哈尔滨工业大学，2017.

[103] 龙飞. 过硫酸盐及其活化技术处理含氰污染土壤与有机废水研究［D］. 重庆：重庆理工大学，2016.

[104] 罗从伟. 紫外/过硫酸盐高级氧化降解典型有机微污染物效能及作用机制［D］. 哈尔滨：哈尔滨工业大学，2017.

[105] 曲耀训. 全面认识莠去津［J］. 今日农药，2015（10）：23－24.

[106] 任晋，蒋可. 官厅水库水中莠去津及其降解产物残留的分析［J］. 分析试验室，2004，1（12）：17－20.

[107] 苏荣欢，何志明，谢怀建，等. 紫外灯应用之"紫外光解"VOCs［J］. 中国照明电器，2018（3）：29－33.

[108] 田东凡，王玉如，宋薇，等. UV/PMS 降解水中罗丹明 B 的动力学

及反应机理［J］. 环境科学学报，2018，38（5）：183－191.

［109］王立坤. 农村地区农药使用及农药的危害［J］. 现代农业. 2013
（12）：47－48.

［110］王楠. 过硫酸盐活化新方法及其降解阿特拉津特性的研究［D］. 武
汉：华中师范大学，2016.

［111］魏红. 超声、过硫酸钾协同去除水中诺氟沙星的效果［J］. 环境科
学，2015，36（11）：4121－4126.

［112］杨敏娜，孙成，胡冠九，等. 长江江苏段有毒有机污染物的残留特
征及来源分析［J］. 环境化学，2006，25（3）：375－376.

［113］曾显光，李阳，牛小俊，等. 化学农药在农业有害生物控制中的作
用及科学评价［J］. 农药科学与管理，2002，23（6）：30－31.

［114］郑磊，张依章，张远，等. 太子河流域莠去津的空间分布及风险评
价［J］. 环境科学，2014，35（4）：1263－1270.

［115］周宁. 超声/过硫酸盐法去除水中卡马西平及腐殖酸的研究［D］.
武汉：华中科技大学，2015.